CB012924

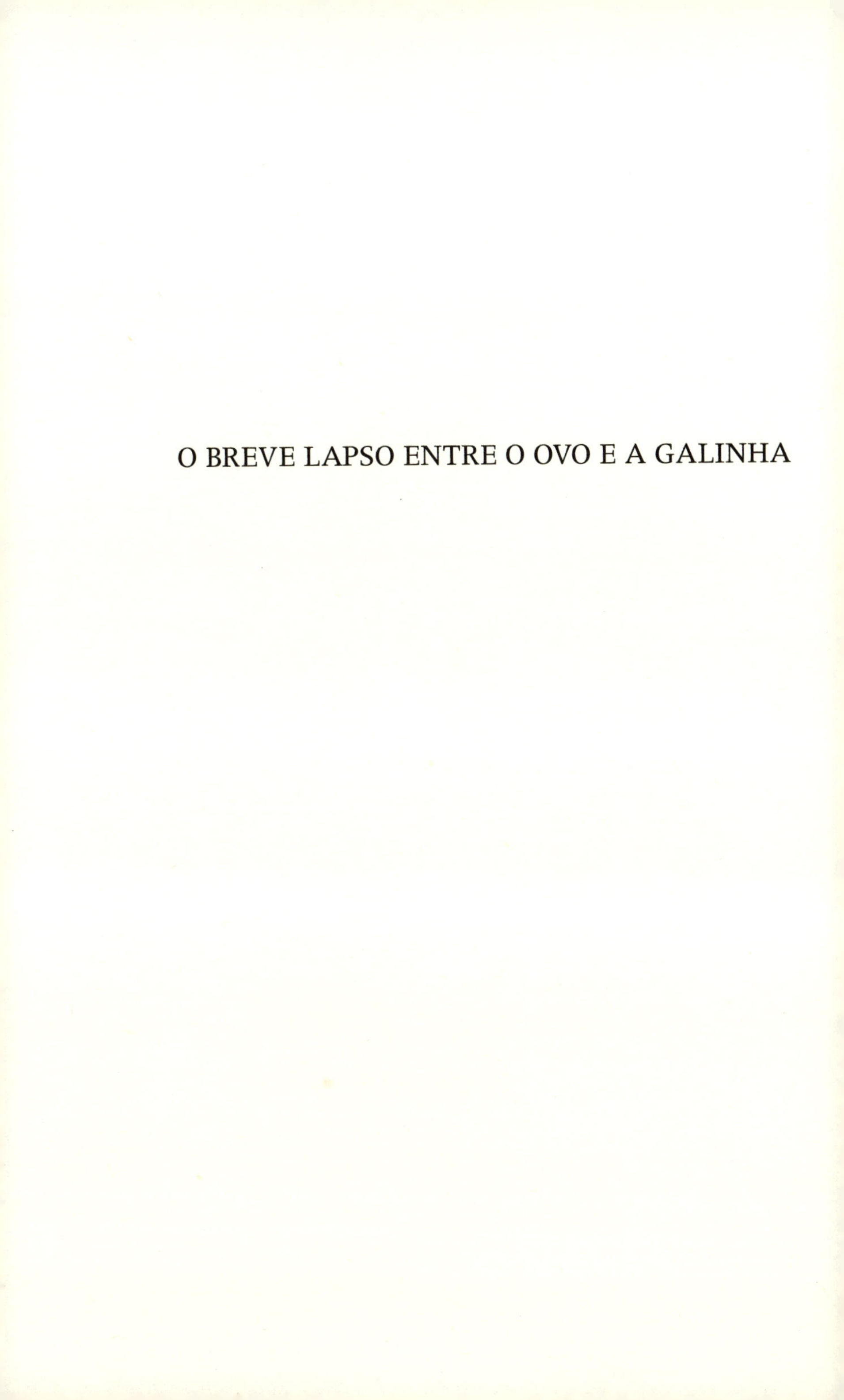

O BREVE LAPSO ENTRE O OVO E A GALINHA

Coleção Big Bang	dirigida por Gita K. Guinsburg
Supervisão editorial	J. Guinsburg
Edição de texto	Marcio Honorio de Godoy
Revisão de provas	Lilian Miyoko Kumai
Capa e projeto gráfico	Sergio Kon
	[ilustração da capa a partir de A. Sehinkman]
Produção	Ricardo W. Neves
	Raquel Fernandes Abranches
Ilustrações	Andrés Sehinkman

MARIANO
SIGMAN

O
BREVE LAPSO ENTRE
O
OVO E A GALINHA

HISTÓRIAS E REFLEXÕES
SOBRE A CIÊNCIA

TRADUÇÃO:
GITA K. GUINSBURG

Título original em espanhol:
El breve lapso entre el huevo y la gallina

Dados Internacionais de Catalogação na Publicação (CIP)
(Câmara Brasileira do Livro, SP, Brasil)

Sigman, Mariano
O breve lapso entre o ovo e a galinha : histórias e reflexões sobre a ciência / Mariano Sigman ; tradução Gita K. Guinsburg. – São Paulo : Perspectiva, 2007. – (Big Bang)

Título original: El breve lapso entre el huevo y la gallina.
ISBN 978-85-273-0786-4

1. Ciência - Ensaios I. Título. II. Série.

07-2106 CDD-500

Índices para catálogo sistemático:
1. Ciência : Histórias e reflexões 500

EDITORA PERSPECTIVA S.A.

Av. Brigadeiro Luís Antônio, 3025
01401-000 São Paulo SP
Telefax: (11) 3885-8388
www.editoraperspectiva.com.br

2007

SUMÁRIO

3. COSTUMES ANIMAIS
As Histórias das Porcas

4. LÁ AO LONGE
Travessias de um Porconauta

5. HISTÓRIAS E REFLEXÕES
Relatos de Elefantes

6. O FUTURO EM MENTE
Os Sonhos de Neuro

A Laura.
À tropa de Erlenmeyer.
A Claire.

INTRODUÇÃO À EDIÇÃO BRASILEIRA

Ainda que eu não fosse amigo de Mariano Sigman, seria um grande prazer prefaciar este livro de nome tão cômico quanto filosófico. *O Breve Lapso entre o Ovo e a Galinha* é uma exploração livre e ambiciosa das ciências ditas exatas, uma navegação que através de sucessivos estranhamentos descortina um vasto panorama científico e cultural, ancho como la pampa argentina de onde Mariano Sigman, porteño cidadão do mundo, provém e não provém.

A jornada é extensa. Matemática, física teórica e aplicada, astronomia, medicina, bioquímica, biologia molecular, fisiologia e psicologia experimental comparecem nos meandros retóricos do livro, inteligente como um bom jogo de xadrez. É rebuscada a tessitura que elenca personagens reais em estórias absolutamente fantásticas, encadeando Aristóteles, Galeno, Dante Alighieri, Marco Polo, Copérnico, Kepler, Malthus, Marx, Kekulé, William James, Freud, Einstein, Jacob, Monod, Turing, Van Neumann, Gödel e inúmeros célebres cientistas da atualidade. Isso sem falar em Omar Khayan, Leo Masliah e Eduardo Galeano.

Os assuntos debatidos no livro são de toda ordem. Clonagem, cérebro coletivo, interface cérebro-máquina, inteligência artificial, financiamento da pesquisa, a lei de Murphy, ciência básica versus aplicada, a ciência como narrativa (*story telling*), futebol, política, sexualidade, saúde pública, o fetiche do prêmio Nobel, agricultura e medicina chinesas, geopolítica da ciência. Espirituoso e lúdico, o modo como Mariano Sigman passeia pelos temas denuncia o dândi,

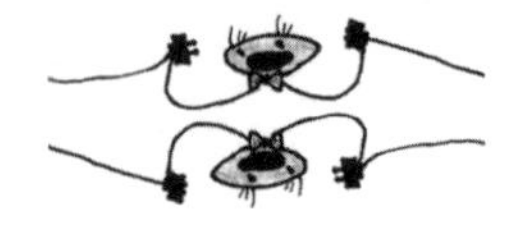

o *bon-vivant* boêmio, *gourmand* dos prazeres da vida, um neuro-hedonista que celebra a ciência para a fruição humana. Que em alguns casos consiste em contemplar a simplicidade essencial do mundo, mas em outros é deleitar-se com a interminável complexidade das coisas. E diante disso, a magnífica atitude de continuar inquirindo, com quaisquer meios à disposição, dos mais caros e sofisticados aos mais comezinhos. A atitude prática convoca o experimentador que habita cada leitor: "um animal pode viver mais anos solares se reduz o ritmo metabólico. Por exemplo, baixando a temperatura. Para corroborar isto com um experimento caseiro, basta criar uma mosca na geladeira".

O Breve Lapso entre o Ovo e a Galinha faz uma crítica anárquica da valorização científica do ego, pulsando de inconformidade com a tragédia humana. Fala da ciência da vida assim como da vida vista pela ciência, em toda a minúcia de sua práxis, seus vai-e-vens, desacertos e descaminhos. Se por um lado se permite fazer uma reflexão sobre o torturante processo de publicação de artigos científicos nas revistas de grande impacto, por outro o livro esboça uma história recente da ciência mundial no que ela produziu de mais relevante. Japão, China, Europa, EUA e Brasil são investigados interessadamente. O livro esmiuça os pressupostos ideológicos das provisórias verdades científicas, jogando com os limites teóricos do darwinismo e da cosmologia num questionamento com ecos de Feyerabend. O autor vadeia pelos assuntos, fingindo saber muito, mas menos do que de fato sabe, e não sabendo bem tudo que sabe que não sabe. Sem cerimônia, destapando panelas, imiscuindo-se em distintos terrenos, chega à fronteira da ideologia e da ética, debatendo com propriedade a guerra cultural que separa as ciências exatas das humanas. Seja o "isto não se estuda" da esquerda, que censura a investigação das bases biológicas do homossexualismo, seja o tabu da direita, que veda o estudo de células-tronco embrionárias. O conjunto da obra trai um romântico incurável, aventureiro da ciência cheio do humor *nonsense* que ressalta o absurdo do mundo para amá-lo melhor.

Este diário íntimo das preocupações de um cientista é também testemunha de um tempo longínquo em que o Superman vivia à espera da cura, as Torres Gêmeas se erguiam na ponta sul de Manhattan, Bagdá era uma cidade pacífica e Nova Orleans uma eterna festa mestiça. O livro retrata o momento muito particular da calmaria antes do furacão, quando o curso da História demorava entre a Guerra Fria e a Terceira Guerra Mundial, que talvez esteja em curso. No fim do século XX, vivia-se no Ocidente a sensação de que o mundo se encaminhava para uma longa Pax Americana, próspera, sábia e justa. É mérito do autor ter pressentido o leviatã incubado, a despeito da euforia racionalista, neo-iluminista e eco-capitalista do ano 2000. Os ensaios de *O Breve Lapso entre o Ovo e a Galinha* demonstram que Mariano Sigman entrou milênio adentro bem munido da melancolia e picardia austrais, um mochileiro irreverente que não hesitou em trafegar na contramão quando necessário. Sua descrição de Nova Orleans reclama da monotonia orgiástica de Bourbon Street, "o descontrole organizado" que em lugar de redimir o puritanismo dos EUA, resultava plastificado por ele. A tristeza do carnaval na cidade mais caribenha dos EUA prenunciava o dia em que o desprezo gringo por sua pobreza terceiro-mundista finalmente acertaria a cidade com um soco na boca do

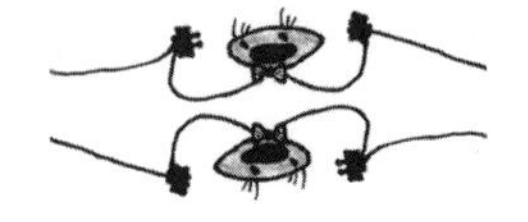

estômago. O Katrina alagou Congo Square e expulsou os negros de Nova Orleans. Superman morreu sem cura, sua linda esposa idem, o Oriente-Médio se esfacela, e o tempo passa cada vez mais rápido para a humanidade em crise. O profundo mal-estar do novo século tem neste livro um alerta clarividente.

Os ensaios do Porconauta, alter-ego do autor, foram escritos em Nova York e Paris durante seus tempos de doutorado e pós-doutorado. Mariano Sigman, brilhante físico e neurocientista, calha de também ser um jornalista free-lancer bem-sucedido. Talvez por esta particularidade, os ensaios revelam uma auto-sociologia da ciência, uma crônica de costumes "por dentro" da academia, tanto em seus aspectos épicos quanto nos mais prosaicos. Temos acesso franco à experiência do físico que descobre a biologia com entusiasmo infantil, dissecando-a em exemplos canônicos e tiradas inusitadas. O texto reflete uma curiosidade irreverente, eivadada da ironia que a situação suscita. Afinal, ainda que a física seja ciência muito mais exata que a biologia, é esta que hoje parece conter a maior quantidade de mistérios ao alcance da mão.

Em defesa do valor supremo da rebeldia, benzido por Giordano Bruno e Galileu, regado pela fonte que anima o sonho e a criação, em nome do "animal que todos temos dentro de nós", Mariano Sigman lança um manifesto pela liberdade do pensamento e sobretudo pela possibilidade de alcançá-la em qualquer lugar do planeta – como aqui, em plena América do Sul.

Sidarta Ribeiro

PRÓLOGO
ACASO O SOL SE MOVE?

Não há maneira de ler esse livro sem brigar. Não tanto com o autor, mas consigo próprio. Como é que há tantas perguntas óbvias que a gente não se faz? Por que Mariano (Sigman) as retira assim da cabeça?

Não é justo. Li o livro várias vezes. E embora nem tudo me despertasse a mesma curiosidade, os temas sim que o fizeram, me puseram fora de mim, me comoveram.

Conhecer a origem de tudo é "a" pergunta universal. Não aspirei encontrar as respostas no livro (se não, eu não estaria escrevendo este prólogo), mas há sim pontos para refletir. Quão certa é a "verdade" que julgamos conhecer até aqui? Quão próximo estamos "de criar a vida"? O que faz a engenharia genética? Em mãos de quem ela está? O que pretende Craig Venter?

Isto é só uma "partezinha". Há mais: " é como tentar ver um vagalume a cem quilômetros de distância ao lado de uma explosão nuclear". Do que fala Sigman? Acaso o Sol se move? Ou é o fato de que há infinitos números primos? Há vida extraterrestre? O que quis e o que quer a Igreja? Por que faz bem aquilo que "faz bem"? O chá cura? É verdade que tudo que é natural é saudável? O que é o gosto? O que é o picante?

Não há direito. Eu estava bastante à vontade até que me deram as provas do livro. E me propuseram que eu o lesse. E aqui estou: agora quero mais. "Ouça (ou melhor, 'leia'): aqui você não vai encontrar as respostas, mas Mariano dispara com

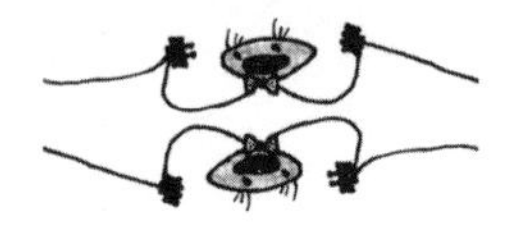

perguntas, questiona os que questionam, e também os que não questionam".

E você, por que aplaude? Aplaude sozinho? Aplaudiria sozinho? Ou será que está imitando aquele que está ao seu lado? Não, já sei: você muda de pista quando lhe parece que os carros que andam pela pista do lado vão mais depressa. Até que se tropeça em um Murphy que sorri.

E assim, entre elefantes que vigiam rinocerontes e baleias que cantam, você irá descobrir que aqueles que fazem ciência não são apenas aqueles que querem entender o mundo, mas aqueles que são capazes de "encontrar histórias que valem a pena ser contadas". Por isso, nem mais nem menos do que por isso, este livro merece ser lido.

Adrián Paenza

Buenos Aires, 11 de abril de 2004

UMA REFLEXÃO NECESSÁRIA SOBRE O TEMPO E AS PESSOAS

Valentina, minha sobrinha de quatro anos, adora as histórias da vida real. É assim que ela chama os contos que se passam fora da ordem do tempo, de personagens conhecidos em que seu pai é menor do que ela, vive em lugares que ela não conhece e é filho de uma mãe mais jovem do que ele, a qual além de tudo hoje é sua avó e lhe conta essas histórias. Há algo de mágico, irreal, desproporcionado no tempo e nos lugares, nas histórias da vida real. As construções do tempo são algo aleatórias e arbitrárias. Aqui? Agora? Passados futuros, esperanças anteriores? Acaso não voltamos a sentir um medo futuro pelo destino do personagem ao ver o filme cujo final conhecemos com certeza? Final?

Esses textos foram escritos ao longo de seis anos, quase todos em Buenos Aires, Nova York e Paris. De cada um desses lugares, as histórias que emergiam, que, por uma ou outra razão, se mostravam relevantes e memoráveis, se convertiam, no curso de uma noite, em um texto. Enquanto alguns textos serão menos sensíveis com a passagem do tempo, no momento da edição, outros parecem caducos. Decidi expressamente incluir estes últimos porque me pareciam uma parte essencial desse exercício – daquilo que eu me havia proposto contar. Não importando quantas vezes o revisemos, haverá um momento em que tudo o que dissemos necessitará de infinitas correções, porque é disso que trata a ciência. Ou a vida real. É curioso que de

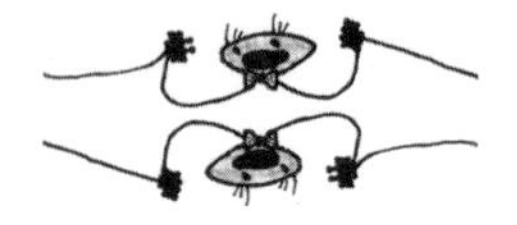

todas as histórias que conto aqui, a história mais antiga (a do universo) seja a que requer uma revisão mais freqüente. Bem, esta história é uma história de revisões. Se neste passeio que lhes proponho por algumas histórias que me pareceram curiosas e provocativas restar-lhes como conto uma lista de verdades adjetivadas pela ciência, não nos teremos entendido. Espero, em troca (e esta é toda pretensão desse livro), ter deixado a vocês algumas histórias agradáveis e aberto alguma porta. No melhor dos casos lhes restarão um mar de dúvidas e alguma pergunta, o prazer pela crítica, e a sensação de que a pesquisa tem de ser necessariamente provocativa.

Uma boa parte dos textos foi escrita em colaboração. Matias Zaldarriaga, meu antigo e jovem professor, amigo e mestre máximo das teorias do cosmo (o que soa importante), viajava amiúde de Boston a Nova York para divertir-se na Big Apple e eu o encerrava entre papéis e telas para que ele nos abordasse em nossas travessias de porconautas. O capítulo 5 foi escrito inteiramente com ele e acredito que Matias lhe deu o grande valor de divulgar ciência a partir da própria cozinha dos fatos. Dante Chialvo, Guillermo Cecchi, Javier Finkelstein, Leopoldo Petreanu, Sidarta Ribeiro, Leandro Sanz e Lucas Sigman, meu irmão, com quem escrevi o texto que abre o livro ("A Origem"), foram companheiros de crônicas e idéias permanentes. Este texto inaugural, antecipando as intenções do livro, fala do rio do tempo, das coisas que perduram, das recorrências, dos espelhos. O leitor compreenderá logo, sem dificuldades, que essas idéias, uma obsessão que cresce com o livro, me foram contadas por Jorge Luis Borges. E a ele por sua vez outros terão as contado e, a estes outros, outros. Os teóricos, os anti-Funes*, têm a virtude de saber esquecer, ignorar, de encontrar o essencial e de imaginar. Por aí deve andar a intuição. Suas idéias não foram o ponto de partida de nenhum texto, a não ser pelo fato de que cada história, a partir de uma série de associações naturais, se encontrava com Borges. De alguma maneira espero que este, meu livro, seja uma pequena e modesta homenagem, um testemunho seguramente desnecessário de seu conhecimento profundo e intuição sobre a fenomenologia da mente, a memória, a teoria das representações, os sonhos.

A grande maioria dos textos foi publicada na revista *3 puntos*, e em menor parte no periódico *Le Monde diplomatique*. Um profundo agradecimento a todo pessoal da revista e, em particular, a Quintin e Pablo Rosendo González, com quem mantive uma colaboração mais próxima.

Tantas noites convertendo histórias em textos me deixaram um dia com algumas centenas de crônicas. As histórias eram distintas, porém uma ou outra vez eu recorria às mesmas idéias, acatando aquilo sobre o que não se deve contar muitas coisas, mas se deve contá-las várias vezes. Aí começou a idéia do livro, ou de que pelo menos havia algo dito em conjunto. E essa viagem, a de eleger a partir de uma lista com centenas de textos alguns poucos, conforme sentido, resultou ser muito mais difícil do que parecia. De fato foi impossível até que Juan Frenkel apareceu. Há aqueles que são capazes de melhorar trabalhos

*. Irineu Funes, personagem de um conto de Jorge Luis Borges ("Funes, o Memorioso"), que após a queda de um cavalo viu-se de posse de uma memória ilimitada.

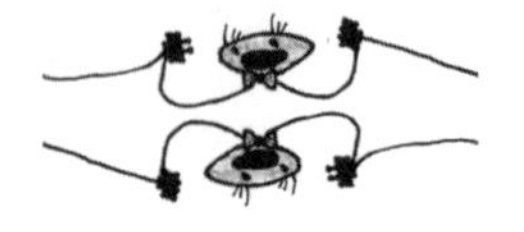

péssimos, ou de corrigir e ordenar desastres (suponho que eles serão os bons editores). A presença de Juan para mim foi ainda muito mais importante: simplesmente tornou possível o impossível. Com Juan veio somar-se a equipe de Erlenmeyer, Lucas Sigman somava idéias e Andrés Sehinkman desenhava, e entre associações mais ou menos evidentes nasceram, no "covil" da *calle* (rua) Urquiza, os personagens deste livro. Já faltava pouco (isto já faz tempo)... Mariana Saúl e Tino Sicília leram os primeiros rascunhos e Amália Sanz percorreu pacientemente uma e outra vez todos os textos e no caminho foi emendando desastres. Leandro Vital nos ajudou a converter textos e desenhos em algo com forma de livro. Adrián Paenza foi um nexo entre o momento em que escrevo isso e o momento em que vocês o lêem. Foi o último leitor do borrador e aquele que escreve as primeiras páginas do que hoje publicamos. As últimas palavras deste prólogo que se tornou um pouco mais longo são para quem colabora da melhor maneira: acompanhando. Os companheiros de viagem, leitores críticos, inspiradores, técnicos, palpiteiros, família, amigos: Heidi Portuondo, Alex Backer, Gabriel Mindlin, Silvia Gold, Hugo Sigman, Alejandro e Laura Goldberg, Miriam Gold, Mariana Gallo, Martín Berón de Astrada e Benjamín Alvarez Borda.

Mariano Sigman
Paris, 12 de abril de 2004

O BREVE LAPSO
ENTRE O OVO
E A GALINHA

UMA REFLEXÃO NECESSÁRIA SOBRE
O TEMPO E AS PESSOAS

"Há uma realidade que demonstra a verdade de um fato. Porque nossa memória e nossos sentidos são demasiado inseguros, demasiado parciais. Podemos afirmar inclusive que muitas vezes é impossível discernir até que ponto um fato que cremos perceber é real e a partir de que ponto apenas cremos que o seja. De modo que para preservar a realidade como tal necessitamos de outra realidade – uma realidade conflitante com ela – que a relativize. Mas, por sua vez, esta realidade conflitante necessita de uma base para relativizar-se a si própria. Quer dizer, que haja outra realidade colidente, que demonstre por sua vez que esta é real. E esta cadeia se estende indefinidamente dentro da nossa consciência e, em certo sentido, pode-se afirmar que é através dessa sucessão, através da conservação dessa cadeia que adquirimos consciência de nossa própria existência, porém, se esta cadeia casualmente se rompe, ficamos desconcertados. A realidade está do outro lado do elo rompido? Está deste lado?"

Haruki Marusmaki
Al sur de la frontera, al oeste del sol
(Barcelona, Tusquets, outubro de 2003)

1.

VIDA, EVOLUÇÃO E MORTE
HISTÓRIAS DA FAMÍLIA

Os espectadores pestanejam em uníssono e, nesse breve lapso de tempo em que perdem a seqüência da trama, aparece A Família. A Família é harmoniosa. Ela se reproduz. Os novos ficam velhos e multiplicam os novos. Estes se tornam espectadores e eventualmente pestanejam. Então, quando pestanejam, morrem.

A ORIGEM

Em 1859, Charles Darwin publica seu célebre livro *A Origem das Espécies*, no qual estabeleceria o paradigma da biologia moderna. Na primeira página do livro, ao fazer uma resenha histórica de sua vida e obra, Darwin escreve sua frase mais ignorada: "Este trabalho, que agora publico, é necessariamente imperfeito". Sucede que a evolução é tão simples, elegante e, às vezes, tão bem-sucedida, que a gente costuma esquecer-se de que ela ainda não resolveu seu desafio mais ambicioso: entender qual é a origem das espécies ou, porque não, qual é a origem da vida. Embora se conheça muito a história das espécies, e os museus de história natural adornem suas salas com ossos e árvores genealógicas, ninguém entende completamente bem o que separa dois ramos da árvore, uma espécie da outra. Ninguém pode, por fim, replicar a história da vida. Tampouco se pode gerar vida no laboratório, apesar do caráter alentador dos experimentos do bioquímico russo Alexander Ivanovich Oparin, nos quais gerava aminoácidos a partir de seus constituintes que simulavam uma atmosfera primeva.

Vale a pena esmiuçar muitas das idéias que se reúnem na *idéia* de Darwin. O primeiro conceito inovador (uma novidade que o próprio Darwin atribuía a Georges Comte de Buffon) é que todas as espécies formam parte de uma história comum e não são o produto de repetidas criações (independentemente de tais criações serem ou não divinas). O segundo passo para

se chegar à seleção natural é a variação e a seleção combinadas como mecanismos para gerar diversidade. Um ser se reproduz e sua progênie herda os traços, mas estes podem variar e tais variações podem ser herdadas e sucessivamente selecionadas, se é que conferem alguma vantagem (ou, pelo menos, nenhuma desvantagem). O mesmo Darwin reconhece Jean-Baptiste Lamarck (a quem se refere como um naturalista justamente celebrado) como pioneiro desta idéia de progressão na história por variação e seleção. Finalmente, ao contrário de Lamarck, cuja idéia é comumente simbolizada pelo pescoço da girafa (que se esforça por esticá-lo durante o curso de sua vida e seus filhotes herdam o esforço integrado), Darwin propunha que as variações eram de caráter aleatório e a seleção natural das mudanças vantajosas era o que dava forma e sentido ao curso das variações, isto é, à evolução. Ninguém pretenderá, a esta altura, descobrir a grandeza de Darwin, mas constitui um fato notável que, com o ulterior descobrimento e refinamento da genética, as idéias de Darwin foram tomando forma dentro de uma maquinaria da hereditariedade que o naturalista inglês desconhecia por completo.

Hoje se sabe que os genes e sua maquinaria de replicação constituem a base da hereditariedade, e que os genes são mutantes, e que estas mutações estabelecem o mecanismo de variação. Também se sabe que as proteínas não reescrevem o DNA, o qual constitui a versão molecular do último agregado de Darwin, que afirma terem as variações pouco a ver com a experiência de um indivíduo. Excelente! Mas não tão excelente assim. Muitos dos pontos anteriores, que valem pelo geral, deixam de valer em algumas exceções de relevância questionável e, além disso, quando elucidou-se a maquinaria, novas interrogações foram geradas. Se as unidades de variação forem as mutações, e muitas destas separam um chimpanzé de um ser humano, bem como um cachorro de um gato, por que não há nada no meio, por que não há cachorros-gatos ou macacos-humanos? E, se a resposta fosse que apenas algumas combinações são favoráveis, como pôde ocorrer uma seqüência de mudanças se os estados intermediários eram inviáveis? O problema difícil, que ninguém ainda solucionou satisfatoriamente, é o dos grandes saltos. Os grandes saltos são, por exemplo, a origem da vida, a linguagem e a consciência.

A biologia moderna dedicou um esforço considerável para polir a teoria da evolução. Existe uma sopa de variantes que inclui modificar o ritmo da mutação, fazê-lo depender das próprias mutações, estudar o que acontece quando o ambiente também muda, quando os indivíduos se agrupam em sociedades e mais um sem-número de alternativas do mesmo problema. Estas são contribuições mais ou menos importantes que encaminham uma abordagem escalonada para a história da vida.

Mas algo de novo está para acontecer, porque a foto da versão molecular do grande salto macaco-homem logo estará disponível. O genoma do macaco de um lado, o genoma do homem de outro. Os próximos mestres da evolução terão de converter a foto em cinema: entender o impacto da mudança de um gene no sistema, na mudança de outros genes, no arranjo global do genoma, na dinâmica da mudança do mesmo. Estão chegando tempos promissores para o estudo da evolução. Os dados estão servidos. Se, como propõe Cairns-Smith, um dos pensadores

mais importantes no campo da evolução, os grandes saltos são um problema mais holmesiano (relativo a Sherlock) do que cartesiano (relativo a René), ter-se-á de buscar cuidadosa e despreconcebidamente nas exceções e murmurar: "Estranho, Watson, muito estranho".

A FAMÍLIA NASCE OU ELA SE FAZ?

Borges conta a história de dois reis que jogavam xadrez no cume de uma montanha enquanto, no vale, seus dois exércitos se enredavam numa batalha. No momento em que um dos reis dá xequemate, um soldado comunica ao outro rei que seu exército acaba de ser derrotado no vale. Borges utilizava com freqüência a metáfora do xadrez como sendo o jogo de ser deuses:

> Deus move o jogador e este a peça,
> qual deus detrás de deus a trama começa.

Mas é claro, controlar o destino de seus jogadores – e dotálos da ilusão do livre-arbítrio para caçoar deles – não é a única atribuição de um deus. Ainda mais ousada (e frankstenianа) é a de criá-los. Fazer com que as peças apareçam à vontade sobre o tabuleiro. E na posição de deuses: por que não serem menos metafóricos, abandonar o jogo e, à maneira bíblica, construir vida à nossa semelhança? Ou seja, a vida como a concebemos, com a mesma bioquímica, os mesmos elementos e as mesmas formas. Seguramente, longe dos tabuleiros, metáforas e cruzes, o novo Cristo será um mago do comércio. Craig Venter, o grande mestre do seqüenciamento de genomas e um dos personagens mais influentes da genômica, parece ser um sério candidato a tomar o posto de novo Messias. Seus jogos consistem em tentar entender o que é a vida. E, eventualmente, poder gerá-la.

Venter quis dar forma, em termos de genes e genomas, à pergunta: *o que é a vida*? Queria saber qual é o número mínimo de genes que podem manter um organismo vivo. Se este número fosse pequeno, não seria totalmente absurdo pensar que alguém poderia sintetizar os genes correspondentes, tratar de construir o genoma e colocá-lo em um ambiente adequado para que a vida tivesse início. Ter-se-ia gerado, então, vida da matéria inorgânica inanimada. Se isso houvesse sucedido, mostrar-se-ia que a vida, ou pelo menos uma de suas formas, não é mais do que um arranjo particular das coisas.

Até agora se utilizou duas alternativas para aproximar o conjunto mínimo de genes essenciais à vida. A primeira, a mais clássica, consiste em comparar os genomas e tratar de entender a sua evolução, traçando a história pregressa dos mesmos. A segunda, utilizada por Venter, consiste – qualquer que seja o modo – em eliminar genes de uma enorme população do menor dos organismos. Cada vez que um gene essencial for eliminado, o organismo morrerá. De alguma forma, o trabalho (o jogo) consiste em acelerar a história. Se seqüenciarmos todos os vencedores, poderemos, então, ter uma boa medida de quais são os genes essenciais. Se entre a população que sobrevive encontram-se muitos que possuem o gene número 2, 4 ou 5, que sofreram mutação (presumivelmente deixam de cumprir sua função), conclui-se que tais genes não são essenciais. Ao contrário disso, se nunca, entre os sobreviventes, for encontrado um organismo com o gene 3, que sofreu mutação, conclui-se que o 3 é essencial.

O menor dos genomas (o *mycoplasma genitalium*) contém 480 genes e um total de 580 mil bases. Quer dizer, quase 600 mil letras que formam 480 palavras. Cada um desses genes se expressa numa proteína que cumpre uma determinada função. Muitas porém estão repetidas ou cumprem funções não essenciais. Trata-se então de eliminar parcialmente os diferentes genes e ver se, ainda assim, o *mycoplasma* continua vivo, mesmo que talvez já não seja um *mycoplasma*.

Com este método, não menos do que com a aproximação histórica, obtém-se apenas uma estimativa do número de genes e não uma quantidade exata. Este valor estimado é menor do que trezentos genes distintos que conseguem gerar vida. Ademais, sabe-se em que tipo de processos esses genes essenciais participam. E também nos damos conta, sem demasiada surpresa, de que a maquinaria responsável pelos processos metabólicos fundamentais (como, por exemplo, a encarregada pelo processamento da glicose por meio do qual as células obtêm energia) constitui parte do pacote genético necessário.

Tempos divertidos para estudar a origem da vida virão. A tecnologia sofreu considerável aperfeiçoamento desde a época em que Oparin fabricava aminoácidos (os elementos constituintes das proteínas) a partir de uma atmosfera adequada e descargas elétricas. Após um longo silêncio e uma série de fracassos em tentativas repetidas, hoje talvez não falte tanto para engendrar vida combinando uma sopa adequada de moléculas.

Craig Venter trabalhou intensamente neste projeto terminado por ele pouco antes da meia-noite de um sábado. Cansado e satisfeito, Venter pensou que, no domingo, depois de seis duros dias de trabalho, ele fazia jus a um descanso. E descansou.

El Cochino
QEPD

A PRIMEIRA CRUZADA

A princípio, antes de ser um, estamos muitos empenhados numa luta de vida ou morte. Trava esta primeira grande batalha pela existência uma só de nossas metades contra uma infinidade de metades potenciais que nunca chegarão a ser. Diante do espelho, nos dias em que a identidade parece quebrada, resta o consolo de saber que a gente vem do valente espermatozóide que chegou primeiro.

A confrontação pode ser ainda mais dramática do que a narrada por Woody Allen em sua versão cinematográfica (ele que, de nenhuma maneira, podia ter excluído de seu repertório o primeiro duelo para saber quem somos, quem fomos ou quem seremos). Verifica-se não apenas uma massa de espermatozóides quase idênticos se lançando à conquista. No caminho, eles costumam encontrar-se com outros de distintos pais potenciais. Isto se dá em insetos, em pássaros e, é claro, em seres humanos. É conhecido, ainda que não se publiquem dados oficiais, que nas análises genéticas para determinar a saúde do feto encontra-se um índice muito alto de falsa paternidade que, como regra geral, não é comunicada aos interessados.

Os biólogos, não podendo controlar esse processo *a piacere* nos humanos, devem conformar-se em observar e manipular insetos, pássaros e vermes para estudar a competência do esperma. Os trabalhos dividem-se em dois: os mais evolutivos, que tentam entender como se chegou a estabelecer este campo de

batalha entre machos, e os mais mecanicistas, que tentam compreender os pormenores da batalha. Os primeiros são mais limpos; os segundos costumam encontrar-se, conforme uma célebre frase, com um cheiro familiar ainda que fora de contexto.

Como sucede com os computadores, a regra estabelecida parece ser que aquele que chegar por último é o primeiro a ser usado. Nos computadores, isso é feito deliberadamente, de maneira que os arquivos ou processos que deixam de ser utilizados tendem a dormir em um lugar cada vez mais profundo do disco. E se por muito tempo não se mexer em um programa, ele sai da memória, vai para o disco e, à medida que passa o tempo, perde prioridade de saída. Os americanos, conhecidos por seu pragmatismo na gíria e na terminologia, chamam esse processo de "last in, first out" (último a entrar, primeiro a sair).

Com os espermatozóides acontece o mesmo. Desde princípios do século passado sabe-se que se dois machos copulam com a mesma fêmea, o segundo é o que tem maiores chances de deixar descendência. Cerca de 80%, por exemplo, ocorre no caso das moscas. Na cópula também ri melhor quem ri por último.

Esta observação feita no campo, no *habitat* natural de cada espécie, é levada ao laboratório. As moscas são utilizadas como modelo porque se obtém mutantes com traços muito bem definidos, como a cor dos olhos. Se uma mosca cruza com dois machos, um com uma mutação dominante, esta deixa um rastro que nos permite conhecer facilmente a paternidade.

As guerras de esperma ocorrem dentro e fora do corpo da fêmea e, como em qualquer disputa, abundam traições, até as mais sofisticadas. Em uma certa espécie de gafanhotos não formadora de bando, o macho, após ter copulado com uma fêmea, se disfarça de fêmea da melhor forma possível. Afemina-se tanto quanto pode e, assim, consegue enganar os outros machos que derramam nele o seu esperma (esta é a interpretação canônica, mas está ainda para se ver quem engana a quem, se é que por acaso alguém o faz). Mas o certo é que um gafanhoto macho só procede assim depois de copular, e é plausível que o faça para proteger e deixar tão sozinhos quanto possa os seus próprios espermatozóides.

A mosca também constitui um dos modelos preferidos para estudar a batalha entre as fêmeas. Estas guardam o esperma em um receptáculo com forma tubular e em duas cavidades com forma de cogumelo. Aí guardam sêmen de várias cópulas e continuam copulando mesmo quando armazenam uma carga considerável. Talvez porque elas gostem.

Há dois modelos para explicar o triunfo dos espermatozóides depositados mais recentemente. Um deles sugere que os novos deslocam mecanicamente os velhos (empurram mais fortemente, digamos) e, o outro, que o sêmen novo desativa os velhos espermatozóides (atacam com armas de algum tipo). Este último mecanismo envolve certo grau de toxicidade no sêmen que não afeta apenas os espermatozóides rivais, mas também aos próprios e à fêmea. A toxicidade do sêmen foi proposta como uma das causas para a correlação observada entre o aumento da cópula e uma morte mais prematura, ainda que esta conexão seja duvidosa e pouco fundamentada.

Um grupo do Departamento de Evolução e Ecologia da Universidade de Chicago realizou um experimento exaustivo

para estudar o papel de cada um desses mecanismos. Para tanto, os pesquisadores utilizaram machos de dois tipos: uns estéreis, cujo sêmen carece de espermatozóides, e outros geneticamente modificados, de tal maneira que seus espermatozóides são verdes. A utilidade dessa variante "sêmen-punk" é que são facilmente distinguíveis. A previsível conclusão do trabalho é que os dois mecanismos são importantes, porém em fases distintas. A incapacitação para o sêmen afeta apenas os espermatozóides armazenados por cerca de sete dias, ao passo que o deslocamento mecânico é o método mais relevante para combater os que foram armazenados durante dois dias. Uma explicação do efeito diferencial da desativação por parte do sêmen é que, assim, este não ataca os próprios espermatozóides que contém ou os de outras descargas do mesmo macho.

E na paz calmante e prazerosa que segue ao orgasmo, nesse momento de maior relaxamento é quando se dá esta grande batalha. Eis um exemplo a mais de que nossa percepção a olho nu dista muito de estar correta sob o microscópio ou não menos na fria intimidade, bem guardada em segredo por todas as espécies.

ROCHAS E GAFANHOTOS

Quase sempre é mais fácil encontrar exemplos ou contra-exemplos de uma regra do que sua definição precisa. É claro que um elefante é um ser vivo e que uma pedra não o é. Isto parece evidente, ainda que comecemos a patinar nem bem seja exigido de nós uma definição do termo vida. O que é vida? Tem ela a ver, por acaso, com reproduzir-se, com o nascer, com o morrer? Tem ela a ver com mover-se, com fazer algo que modifique o resto das coisas? Tem ela a ver com o possuir fronteiras definidas, com ocupar um espaço determinado em algum momento do tempo? Na falta de uma resposta única, a definição fica ao gosto do leitor. E o fato que abordaremos aqui encontra-se suficientemente próximo da fronteira de modo que, depois de conhecer esta história, proliferem ainda mais perguntas.

Uma pedra não está viva: não faz nada, não tem nenhum mérito, e a vida tem de ser minimamente meritória. No personagem mais vago que imaginemos, largado numa poltrona, metido no repouso mais profundo, uma complexíssima maquinaria luta contra o equilíbrio. Em cada uma de suas células há uma concentração de sais ridiculamente alta, ou ridiculamente baixa, e uma enorme quantidade de bombas empurrando esses sais para dentro e para fora, a fim de evitar que se chegue ao equilíbrio. Por que tanto esforço? Por que não ser simplesmente uma pedra? Por que evoluíram sistemas que perduram

usando as soluções mais complexas e não as mais simples? De novo, não há uma resposta não teleológica para esta pergunta. Porém, ela deixa lugar para certa combinação de idéias que começa a acercar-se da surpresa da vida: a proeza das máquinas viventes não é perdurar no tempo, mas fazê-lo dignamente. Uma pedra perdura, mas isso é tudo. Pois bem: Walt Disney, o homem da fantasia inesgotável que decidiu esperar congelado um futuro melhor que o tire com sorte de seu estado de hibernação, está vivo? Ou, se quisermos ainda postergar um pouco mais essa resposta, suponhamos por um momento que o regresso seja possível, e que depois de três milênios e muita história ele volte a respirar, a correr pelas pradarias, a amar e a sonhar, estará ele vivo então? E terá estado vivo no lapso de tempo intermediário? Ou melhor, pensamos que esteve morto por um tempo e depois voltou à vida? Mas então, o que é a morte?

Pois bem, a ficção científica se fez ciência em uma escala um pouco menor. As bactérias, que no tocante a proezas biológicas não têm muito a invejar à humanidade, encontraram há tempo a solução que Walt espera. Frente a situações adversas no ambiente, certo tipo de bactéria pode formar esporos: um estado dormente, fortemente insulado e não reprodutivo. Um esporo, enquanto é esporo, não é muito mais do que uma pedra. Porém, mantém sua maquinaria bioquímica em um estado reversível, de maneira tal que, quando voltam as condições favoráveis, pode funcionar de novo e reproduzir-se.

Os esporos são estruturas conhecidas de há muito, e faz mais de dez anos que tem havido uma busca contínua da bactéria mais velha. Em 1990, conheceram-se exemplares que permaneceram escondidos em uma lata durante mais de um século. Aos problemas existenciais somou-se então o interesse bromatológico. Quase todo método de cozinha baseia-se na possibilidade de gerar condições adversas à vida, quer aquecendo, quer esfriando, ou salgando, com a intenção de livrar a comida de micróbios. A proeza de uma bactéria, seu magnífico esforço para manter-se viva, pode ser a pior de nossas desgraças. O certo é que – deixando a cozinha de lado – ocorreu, em 1995, um dos maiores saltos na busca dos organismos mais velhos. Uma abelha havia permanecido no âmbar, e junto com a abelha em estado fóssil – que todos nós concordaríamos em sustentar que está morta – foram encontrados esporos (vivos) com mais de vinte milhões de anos de idade. Este número constituiu um recorde imbatível até fins de 2000, quando, numa mina de salitre do Texas, a vários metros de profundidade, descobriu-se bactérias vivas com mais de 200 milhões de anos. Parecia não haver limite para o tempo de vida de um esporo, o que equivale a dizer que certas bactérias poderiam ser imortais.

Está em cada um de nós a capacidade de comover-se com o fato de uma bactéria ser capaz de converter-se em rocha por um tempo indeterminado e permanecer submersa em cristal até que um geólogo a resgate. Eis aqui, ao menos, um exemplo do que não é viver de acordo com a definição da cantora e compositora argentina, Eladia Blásquez: "Permanecer e transcorrer não é perdurar, não é existir, nem honrar a vida".

TEDIOSA ETERNIDADE

Contam os criadores de gado que os touros destinados a emprenhar vacas vivem menos que os privados desse privilégio. O fenômeno parece ter certa generalidade: o compromisso entre atividade sexual e longevidade foi observado em certo número de espécies que, além do touro, incluem, entre outros, salmões, vermes e, para o cúmulo do grau de generalidade, a nobreza britânica. Um estudo publicado na revista *Nature* constatou que, em média, as aristocratas e monarcas inglesas eram mais longevas quando deixavam menos descendência (o que por certo não indica necessariamente que fizessem menos sexo). O resultado é meramente estatístico. A rainha Vitória, que teve nove filhos e viveu 81 anos, prova que se algo não falta para este tipo de regras, são as exceções. Porém, o fato de um mesmo fenômeno ser observado em distintas espécies de animais mostra aquilo que os biólogos vêm afirmando com ênfase desde quando sabemos serem os genomas dos vertebrados fundamentalmente idênticos (quer dizer que salmões e aristocratas ingleses não são na realidade tão distintos) e nos encontrarmos diante de uma regra de certa generalidade. Essa lei seria a expressão de um axioma beato: faça mais sexo e morrerás mais depressa.

O certo, porém, é que a natureza castiga com vidas curtas não só os indivíduos mais dados ao sexo (sexuais) como as espécies de vida intensa, o que de alguma maneira equilibra as vidas metabólicas: os animais de menor porte têm um ritmo

cardíaco mais alto, respiram mais aceleradamente, movem-se mais depressa e morrem antes. Daí surge a velha noção de que todas as espécies animais vivem o mesmo tempo com alguma regra de conversão adequada entre os anos de uma e de outra espécie (a estimativa dos sete anos humanos para cada um da vida canina, por exemplo). Forçando esta regra, um animal pode viver mais anos solares se reduzir o ritmo metabólico. Por exemplo, baixando a temperatura. Para corroborar isto com um experimento caseiro, basta criar uma mosca na geladeira.

A abstinência sexual, as baixas temperaturas, a redução do ritmo metabólico e, em geral, o aborrecimento, podem, portanto, prolongar a vida. Mas isto, só até certo ponto: nem o mais entediado dos hominídeos é imortal. Por que não? Ou, propondo a pergunta de outra forma: por que a evolução, com sua tendência para produzir organismos melhor adaptados durante milhões de anos, não produziu uma espécie imortal? Há três respostas para essa pergunta. A primeira é que a evolução funciona por seleção natural de mutações ao acaso e, portanto, as soluções que encontra para os distintos problemas da vida – incluída a morte – são suficientes, mas não perfeitas. A segunda é que, talvez, a imortalidade não seja uma solução ideal: uma espécie imortal que continuasse a reproduzir-se conduziria à crise de Malthus, a uma grande fome geral devido à infinitude da vida contra a finitude dos recursos. Por fim, há uma resposta que contradiz as anteriores: talvez a espécie imortal já exista.

As bactérias que fazem sexo, mas numa versão muito mais rudimentar – e provavelmente menos divertida –, se dedicam a clonar-se: uma se divide em duas iguais sem que uma delas seja a mais velha e a outra a mais jovem. Isto faz com que não haja envelhecimento para uma bactéria que é, quase no sentido platônico, todas as bactérias. "Todos somos Homero", poderiam dizer as bactérias citando Borges. A subsistência da espécie identifica-se com a imortalidade dos indivíduos.

Nas bactérias não há divisão entre células somáticas e germinais. Nos organismos superiores, em troca, essa distinção é a base para o envelhecimento e sugere inclusive uma rivalidade pelos recursos: o cuidado das linhas germinais (reprodução, sexo) relaciona-se a uma falta de cuidado das células somáticas (o corpo). Isto não é mais do que a versão celular do princípio: quanto mais sexo, mais se envelhece. As espécies mais avançadas, em particular os humanos, passam um longo tempo de suas vidas reprodutivamente inativos (a menopausa é o exemplo mais claro).

Os animais mais estudados na biologia do envelhecimento são as moscas e o pequeno verme *C. elegans*, o nematóide favorito dos cientistas. Cada dia da vida metabólica do verme equivale a cinco anos de vida humana. Porém, às vezes, os catorze dias de vida do *C. elegans* se interrompem porque este cai – durante uns trezentos anos humanos – numa espécie de hibernação profunda, um estado conhecido como *dauer* (em alemão, durável). Em 1998 soube-se de um gene conhecido como "daf2" que estava envolvido nesse estado e, ademais, que modificações deste gene produziram mudanças na longevidade do verme. Este gene se parece com o receptor da insulina nos seres humanos. A conexão insulina-açúcar-metabolismo sugere que este gene possa ser, em parte, responsável por ajustar o ritmo

metabólico e a duração da vida. Mas, durante certo tempo, um aparente paradoxo parecia contradizer o exposto: se forem removidos do *C. elegans* todas as gônadas, freando sua reprodução, não se lhe encomprida a vida. Dois anos após se conhecer a relação entre o daf2 e o estado de *dauer* aclarou-se este presumido paradoxo. A gônada do nematóide é composta de quatro células, duas somáticas (que geram os órgãos sexuais) e duas germinais (que geram esperma e ovócito). Embora a destruição total da gônada não incremente a vida do verme, a destruição das duas células germinais faz com que o verme viva quase o dobro do tempo, estabelecendo um notável e franco limite entre o soma e o germe. Além disso, o círculo se fecha – e a história começa a consolidar-se – já que a bioquímica deste processo envolve o daf2, o mesmo receptor que participa da hibernação do verme.

Os seres humanos que se empenham em viver o mais possível depois de reproduzir-se serão sempre uma exceção e nenhuma regra evolutiva os convencerá de abandonar, nas palavras de Borges – outro longevo que não se reproduziu –, a busca do "rio secreto que purifica a morte".

2.

CIÊNCIA COTIDIANA
AS AVENTURAS DO MENINO COCO

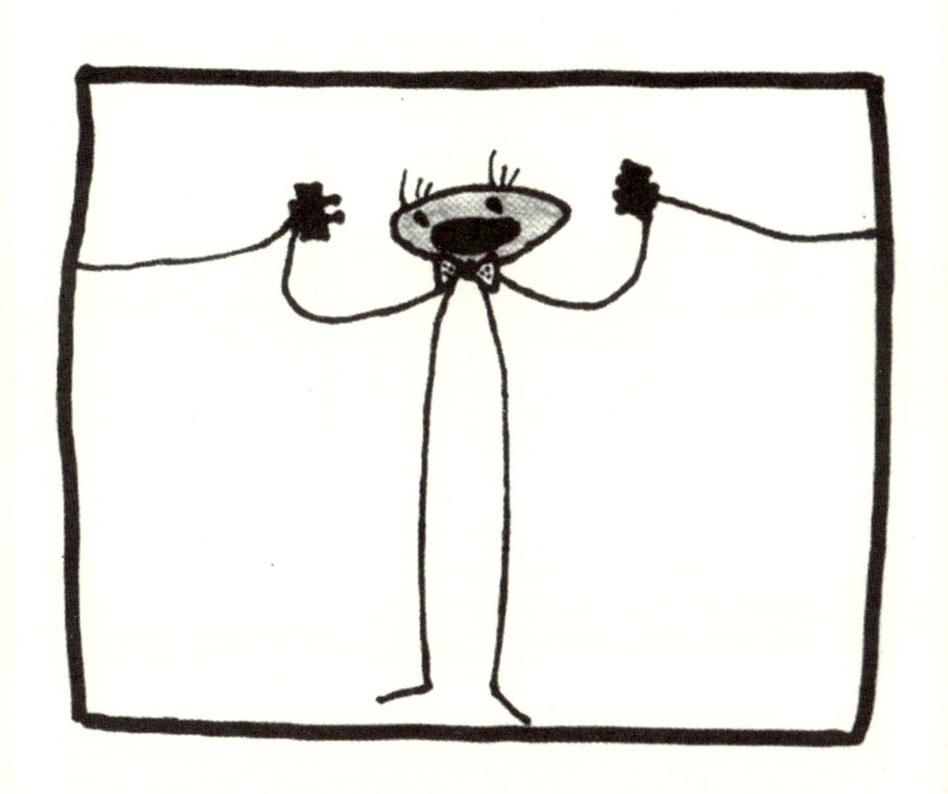

A mãe se aterroriza porque perdeu o rastro do menino Coco.
Os copos desapareceram. Desce as escadas precipitadamente e, ao chegar ao sótão, encontra duas portas. Antes de lançar-se por uma delas teme escolher a errada.
Sabe que nunca é bom interromper uma criança enquanto ela brinca.

CHEGOU O MENINO COCO

Ao Conde de Kachemarsky

"Se os amantes do vinho e do amor vão ao Inferno, vazio deve estar o Paraíso". A citação de Omar Khayyan pode ser encontrada em diferentes garrafas e costuma ser referência obrigatória quando se fala da grandeza do vinho. Khayyan, além de escrever acerca da bebida, dedicou-se a redigir as primeiras páginas de seu livro *Álgebra*. A história conjunta do vinho e da matemática transladou-se para a França, a fim de romper o mito da pureza racial das uvas e construir uma genealogia de famosas uvas utilizadas para fazer vinho branco e champanhe. Assim, verificou-se que dezesseis castas de uvas que crescem há muito tempo no noroeste da França, inclusive a célebre *chardonnay*, são a progênie de duas castas de uvas: *pinot* e a *gouais blanc*. A primeira é uma aristocrata na família das *vitis viniferae* (uvas vinícolas) e, a segunda, um pária abandonado por ser um chato, caçoado até no nome (o adjetivo *gou* refere-se a uma burla).

Para os franceses, desde 1934, as novas mesclas de uvas não gozam da prestigiosa categoria *Appelation d'Origine Controlée*. O princípio que sustenta essa idéia é que os cruzamentos são inferiores às variedades tradicionais. Este "nazismo" enológico assume a superioridade de algumas das raças existentes e despreza as mesclas. O puro é melhor e o mais antigo é mais puro – e até diriam, se a língua o permitisse, "mais melhor". Da mesma maneira que acontece no caso das raças humanas, a origem

pura de uma família de uvas é uma noção pouco crível, estranha e forçada. Responde mais aos preconceitos de nossa época do que aos fundamentos da história. A pureza racial e o medo da mescla estão tão difundidos na indústria do vinho que, para evitar a mistura racial, há séculos as boas uvas são privadas do sexo – quer dizer, da possibilidade de recombinar-se com outras uvas – e se reproduzem por clonagem. Assim, são conseguidas uvas geneticamente idênticas, fazendo com que todo o vinho obtido seja o resumo de um clone.

A origem das distintas uvas é um tema de permanente debate entre puristas do vinho. Em muitos casos, a história conhecida remonta até a Idade Média, como é o casos, da *chardonnay*. Supõem-se que muitas das uvas que hoje são cultivadas na França foram levadas à região por mercadores, fundamentalmente durante o Império Romano. Técnicas utilizadas para encontrar pegadas genéticas, análogas às que são usadas para determinar a paternidade, permitirão indagar a questão com profundidade na genealogia e na história da uva e do vinho. Estas técnicas estudam algumas regiões do DNA conhecidas como microsatélites, cujo comprimento varia nos distintos indivíduos, estabelecendo um análogo genético das impressões digitais.

Uma vez conhecidas tais pegadas, se faz um estudo combinatório para analisar as probabilidades de diferentes castas de uvas estarem relacionadas entre si. Aqui encontram-se novamente o vinho e a álgebra de Khayyan.

O estudo da genealogia dos vinhos começou na década de 1990. Exatamente neste ano foram publicados, pela primeira vez, dados de microsatélites de famílias de uvas. Anos mais tarde, em 1997, Carole Meredith e John Bowers, da Universidade de Davis, descobriram que o mais famoso dos vinhos, o Cabernet Sauvignon, é a progênie de outros vinhos clássicos de Bordeaux: o Cabernet Franc e o Sauvignon Blanc. É claro que isto não surpreende demasiado a ninguém – sabendo ou não acerca de vinhos –, mas Meredith e Bowers seguiram adiante. Com a colaboração de grupos da École Nationale Superieure Agronomique de Montpellier* empreenderam um extenso estudo dos vinhos do noroeste da França. A conclusão mais notável dessa investigação é que dezesseis castas de uvas, que incluem a *chardonnay* e a *pinot noir* – ambas utilizadas para a elaboração da *champagne* –, são a progênie de outras duas castas de uva: *pinot* e *gouais blanc*. A confiabilidade deste estudo resulta de um cálculo de probabilidades e é suficientemente importante para que nos convença: é mais fácil ganhar na loteria do que este resultado ser errôneo. Três destas castas de uvas-irmãs provinham, segundo a literatura prévia, de origens distintas: a *chardonnay*, do Oriente Médio, *gamay noir* da Dalmácia e a *sacy* da Itália. Este último estudo restringe muito a possível origem das distintas castas de uvas, ainda que seja possível que a *pinot* e a *gouais blanc* tenham se combinado várias vezes em diferentes lugares.

Ninguém se surpreenderá muito se a *pinot* ficar nessa posição de elite, que significa ser o pai de tanta diversidade de uva. O escritor romano, Columela, faz referência a uma casta de uva que provavelmente seria a *pinot* e que, se supõe, estaria presente na Borgonha desde a época da conquista romana.

*. Escola Nacional Superior de Agronomia de Montpellier.

Porém, assim como a *pinot* é uma uva aristocrática, a *gouais blanc*, considerada uma espécie medíocre, foi abandonada nas plantações francesas. A origem da *gouais* parece ser a Europa do Leste e os autores sugerem que ela pode ter sido a uva que Probo, o imperador romano do século III, deu de presente aos gauleses (galo-romanos). Até agora acreditava-se que essa uva era a *gamay noir*.

A *gouais blanc* é portanto o exemplo de um aristocrata que guarda suas honrarias em silêncio. A Argentina, país de imigrantes, possui também uma fórmula para reconhecer a sua aristocracia. A essa fórmula de duplos nomes espanhóis escapam, certamente, os numerosos infantes e condes que foram nobres em outras regiões, antes, durante ou depois que a Espanha se convertesse em Império. Para eles, uma taça de *gouais*, e votos de saúde.

COCO TE VÊ VERDE

Tudo parece indicar que a velha e popular suspeita, segundo a qual a combinação de melancia com vinho mata, não tem muito de certa. Porém, diante da evidência que muitas das crendices populares mostram – por exemplo, que pôr um colar de alho em criança cura da lombriga ou que a massagem com uma barra de enxofre cura o torcicolo –, é preciso ficar com um pé atrás. A comunidade científica tem uma atitude um tanto esquizofrênica em sua relação com o saber popular: às vezes parece temer que o contato com a plebe questione seus pergaminhos e outras vezes se orgulha, demonstrando de forma contundente aquilo que, de alguma maneira, todos já sabiam. Provavelmente, em seguimento a um pragmatismo necessário, a busca de drogas e fármacos tem sido um dos ramos de maior integração. Encontrar a essência daquelas coisas que para o saber popular *fazem bem* tem sido uma das gestas da farmacologia.

Parte da sabedoria popular afirma que o chá cura quase tudo e parte do saber mais moderno afirma que o chá previne e, eventualmente, cura o câncer. Fica para um exército de investigadores esmiuçar esse conhecimento em partes: Qual dentre todas as moléculas do chá é a anticancerígena? E sobre qual, dentre todos os mecanismos cancerígenos, esta molécula atua?

Para começar, vale a pena saber o que é um (bom) chá. Hoje, quando abundam os chás esquisitos – chás de duendes, de noites bem dormidas, de cooper, de frutas e frutos secos

– se dá o nome de chá a qualquer infusão. Mas o chá verdadeiro é o que se obtém de brotos e folhas de *Camellia sinensis*, um arbusto que cresce principalmente na Índia. Dependendo do processamento que se dê às folhas depois de colhidas, obtém-se três tipos de infusões: o chá comum, conhecido como chá preto, obtido pela fermentação das folhas; o chá Oolong, o menos comum de todos, obtido após uma fermentação parcial; e o chá verde, habitual nos restaurantes japoneses, conseguido por meio da secagem das folhas. Este último é que parece ter mais propriedades medicinais por ser pouco processado.

Entre outras muitas moléculas, o chá verde contém um tipo de composto anti-oxidante chamado polifenol. Em geral, os compostos que têm capacidade de oxidar podem desencadear reações, muitas delas irreversíveis, capazes de desenvolver o câncer. Portanto, nos polifenóis pode residir a relação entre o chá verde e a prevenção do câncer. Todavia, tal relação não é fácil de ser comprovada, porque os estudos epidemiológicos que vinculam a ingestão de alguns tipos de chá com a diminuição da possibilidade de adquirir câncer são difíceis de se realizar. Para isto se deveria comparar duas populações cuja única diferença estaria na ingestão ou não de chá. Ou seja, ter-se-ia que encontrar duas populações com iguais costumes (alimentares, de sono, de atividade física), e fazer com que um grupo ingira chá e o outro não.

Um estudo de 1993, feito em Xangai, indicava que os consumidores de chá verde, sobretudo as mulheres, tinham um risco menor de adquirir câncer de esôfago do que os que não o faziam. Este estudo tem certo rigor, mas nada diz a respeito de porquê o chá poderia ser preventivo. A primeira explicação foi proposta em 1997, quando encontraram um tipo de polifenol, presente no chá verde, que era capaz de bloquear a uroquinase, uma das enzimas fundamentais para o crescimento do tumor e para a gestação da metástase.

Muitos tratamentos anticancerígenos haviam apontado para o bloqueio da uroquinase, mas nenhum deles havia sido efetivo: as drogas eram muito fracas ou então de alta toxicidade. O chá apareceu pois como uma droga maravilhosa na medida em que é quase inofensiva. Ao mesmo tempo, os estudos epidemiológicos prosseguiram, fundamentalmente na China, devido ao fato de ali encontrar-se a maior população consumidora de chá verde (e também, é claro, muito provavelmente a maior população de não-consumidores de chá verde). O interesse dos chineses por estes estudos também se origina do fato de que eles, sem demasiado rigor científico, haviam mostrado que o chá verde prevenia o câncer do pulmão, e este achado sugeria a eles que os resultados poderiam se estender à cura de outros tipos de cânceres.

Entretanto, o estudo da uroquinase apresentava um sério inconveniente. Para que a droga do chá fosse ativa, a concentração deveria ser muito mais alta que a obtida com uma ingestão típica de vários chás por dia. Os investigadores Yinhai e Renhai Cao, do Instituto Karolinska da Suécia (a instituição que entrega os prêmios Nobel), demonstraram que a mesma droga que bloqueia a uroquinase impede, além disso, o crescimento de vasos sangüíneos, a angiogênese, que é uma das estratégias mais em moda na luta contra o câncer.

A explicação reside no fato de os vasos sangüíneos cumprirem um papel de importância no desenvolvimento de um

tumor, pois trazem os nutrientes e o oxigênio necessários para que o tumor cresça. Sem isto o tumor não pode crescer mais do que a cabeça de um alfinete. Em tecidos sadios, os vasos sangüíneos se regeneram durante o crescimento. Nas mulheres, durante o ciclo menstrual ou na gravidez.

As paredes dos vasos sangüíneos são formadas por umas células que geralmente se encontram inativas, salvo quando certas moléculas lhes dão o sinal de despertar. Como os tumores produzem esse tipo de sinal, as drogas empregadas tentam intervir em tal mecanismo. Um fato interessante é que estes tratamentos não se dirigem ao tecido tumoral, senão ao tecido sadio, evitando que este se ative e forme vasos sangüíneos. Isto tem uma grande vantagem: as células sadias não mostram nenhum tipo de resistência às drogas, algo que pode ocorrer com as células tumorais por seu caráter cancerígeno.

Estamos frente a uma moda que parece assegurar que o natural é saudável. Embora com pouco interesse em discutir a conveniência de que o rio siga seu curso – nem em assumir com arrogância que nós, em relação à natureza, somos diferentes de um rio – ao menos que valha à pena comentar alguns pontos absurdos desta voga que levou, entre outras coisas, a uma grande proliferação de pílulas compostas por produtos naturais. E mais ainda, a convicção de que estas, justamente por serem naturais, são melhores do que as outras – as que presumivelmente não são naturais porque são fabricadas pelo homem, que é um marciano alheio à natureza. Os naturalistas das pílulas, em seu cândido afã por crer na perfeição da natureza, concentram-na e violam um de seus princípios fundamentais: a natureza concentrada não é natural. É fantástico que o chá ou o vinho sejam saudáveis, o que é de se acreditar considerando que ambos nos têm acompanhado por tantos séculos. Todavia vale a pena não esquecer, supondo que muito em breve existirão pílulas de chá concentrado, que um dos fatos fundamentais do chá ou do vinho é que são saborosos e que nos causam prazer quando os tomamos. E que o prazer, além de ser saudável, é um dos fatos fundamentais de nossa natureza.

SABERES DE *GOURMET*

A disputa entre cientistas puros e aplicados é uma batalha tão curiosa quanto estéril. Não obstante, as evidências indicam que há matemáticos puros que ficam deprimidos se seu trabalho encontra alguma aplicação. E que há biólogos aplicados que desprezam – a ponto de qualificá-las de masturbação mental – as investigações que não conduzam a resultados tangíveis. Há físicos que se jactam de que sua ciência vale na Hungria, China, em Marte e na Andrômeda, e meteorologistas que contra-argumentam que sua ciência é menos geral, porém talvez mais pertinente ou, quando menos, mais útil para saber se se deve usar ou não um guarda-chuva. De todas as maneiras, o certo é que a divisão entre ciência pura e aplicada não possui sempre fronteiras tão claras. Assim, a teoria dos números – que algum dia foi considerada como o maior exemplo de ciência pela ciência mesma – se deparou com o fato de que sua interminável busca dos segredos dos números primos tinha uma aplicação decisiva no desenho de códigos criptográficos, cada vez mais importantes no universo das comunicações digitais. De outro lado, os matemáticos financeiros e os biomatemáticos encontram na biologia ou na economia razões para explicar e financiar seus intentos de construir, porque sim, uma nova matemática.

A continuação do puro ao aplicado acompanha outro *continuum* de disciplinas que vai do geral ao particular. Em ordem, a matemática, a física, a química e a biologia migram dos universos aos organismos, desde o abstrato ao concreto. Mas nos últimos tempos a divisão se tornou ainda mais confusa. As mesmas perguntas podem ser respondidas a partir de todas as disciplinas. Uma velha pergunta kantiana: "O que são as cores?", é atacada hoje pelos físicos que investigam a natureza da luz, pelos químicos que estudam como se misturam os pigmentos, pelos biólogos que analisam os mecanismos da visão e pelos psicólogos que tentam entender como se constróem as representações mentais. A navegação horizontal ao longo das disciplinas é apaixonante e está cada vez mais em moda. Assim, a distinção entre o puro e o aplicado termina sempre em mera questão de gosto, um assunto pouco científico, na aparência.

E, no entanto, já há algum tempo, os gostos são ainda assunto da ciência (mais ou menos aplicada). Os resultados, como costuma acontecer, são mais modestos do que anuncia a divulgação jornalística, sempre preocupada em dissimular a lentidão com que o método científico alcança seus objetivos. Mas o certo é que a ciência acabou se ocupando da gastronomia, lugar onde se encontra com uma disciplina que talvez não seja tão distinta: a culinária.

O novo Centro Europeu das Ciências do Gosto tem sede exatamente na França, na cidade de Dijon e, além disso, pertinentemente, na casa da mostarda. Ali, nos últimos anos, obtiveram-se os primeiros resultados sobre as bases moleculares do gosto. O grupo de investigadores dirigido por Charles Zuker descobriu dois genes, cada um dos quais expressa uma proteína que está situada na superfície das células gustativas e que lhes indica a presença de um determinado gosto (amargo, doce,

salgado, ácido). Pouco antes, o grupo a cargo do cientista David Julius, em São Francisco, havia encontrado o receptor da capsaicina, o composto ativo do pimentão, do *jalapeño** e de outros frutos que constituem a vingança de Montezuma contra os estrangeiros que pisam o solo mexicano. Os estudos determinaram que estes mesmos receptores respondiam não só ao pimentão, como também às elevações de temperatura, o que explica porque o picante produz uma certa sensação de queimadura. A rigor, o picante não é formalmente um gosto como o salgado ou o doce, porém uma sensação mais parecida com a dor. A investigação demonstrou que as células morriam quando expostas à capsaicina, o que acaba por provar que o picante mata.

Como vemos, estes exemplos tornam a mostrar que, para a ciência, entender um problema equivale a encontrar a molécula pertinente.

Se alguém esteve sempre entre a cozinha e a ciência, estes foram os químicos. De fato, praticantes de outras disciplinas os chamam, com certo desdém, de "os cozinheiros". O que une ambos os ofícios é a busca de receitas, uma tarefa menos sistemática e muito mais empírica: se funciona, está bem; se não, tenta-se com outra. Assim como gerar as cores adequadas foi fundamental na história da pintura, a cozinha se pergunta qual é essa seqüência de gostos com que a alquimia pode jogar para gerar todos os sabores. Haverá algum padrão que ordene o mundo dos sabores como as freqüências ou os comprimentos de onda ordenam todas as cores?

*. Tipo de pimenta mexicana das mais ardidas.

Em uma experiência interessante levada a cabo na Sicília (onde também se come muito bem), reuniram-se químicos, biólogos e *chefs* para estudar essa pergunta. Cada um utilizou suas ferramentas: os biólogos analisaram o que sucede nas células, os químicos mediram espectros e os *chefs* estudaram o gosto de diferentes tipos de produtos cozidos aos quais se foi adicionando determinadas moléculas que poderiam constituir os tijolos fundamentais do gosto.

Como acontece na fronteira entre a matemática pura e a aplicada, aqui tampouco fica claro se químicos e biólogos buscam em suas moléculas de laboratórios os novos sais e condimentos de nossa época ou se, em mesclas dos velhos sais, procuram novas moléculas que possam mastigar com seus velhos métodos.

CRIANÇAS EM UNÍSSONO

Deixe cair duas pedras de uma montanha. Atire dois caracóis ao mar. Faça duas vezes a mesma coisa com qualquer objeto inanimado e quase com segurança sucederão dois eventos muito diferentes. Uma das pedras que cai pela encosta da montanha ricocheteará numa imperfeição do terreno e sairá em disparada para outro lado; um dos caracóis lançados ao mar afundará rapidamente ao se chocar contra uma onda enquanto o outro, que talvez tenha ricocheteado na parte plana do mar, saltará várias vezes até perder-se ou afundará muito mais adiante.

A probabilidade de que dois eventos se repitam ou entrem em sincronia na enorme complexidade do mundo em que tais eventos ocorrem é muito baixa.

Pois bem: dez bailarinas de um balé, dois laterais de uma ordenada equipe de futebol de Carlos Bilardo* ou quatro violinistas de uma orquestra desempenham, no melhor dos casos, em perfeita sincronia. Se seguirmos o diretor que fornece pautas e ritmos para que todos funcionem da mesma maneira, e se treinarmos por um tempo suficiente, a sincronização é possível.

Encontram-se também casos ainda mais chamativos naqueles em que não parece haver um diretor que ordene as seqüências. Fenômenos da natureza que entram em sincronia espontaneamente, momentos em que os relógios se colocam na

*. Técnico renomado da seleção argentina de futebol, e inovador de esquemas táticos entre as décadas de 1960 e 1990.

mesma hora por contágio ou por imitação. Por exemplo, sabe-se que as mulheres que passam muito tempo juntas podem sincronizar seus ritmos menstruais; os vagalumes do sudeste da Ásia se iluminam ao mesmo tempo; dois caminhantes sincronizam seus passos e às vezes sua respiração; as células do coração se contraem ao mesmo tempo; e uma audiência entusiasmada sincroniza seus aplausos. Ninguém dirige a orquestra em nenhum destes casos, o sistema se organiza, sozinho.

Foi para entender o que se esconde por detrás do aplauso de uma multidão, que a ciência se meteu na ópera. Em teatros da Hungria e da Romênia, quando o diretor e a orquestra já se haviam retirado, começava o experimento. Ligavam-se microfones em distintos cantos e no teto do teatro, e se escutava a outra orquestra: a dos aplausos, que não eram dirigidos por ninguém. Os microfones estavam distribuídos de maneira tal que se podia escutar os aplausos de umas poucas pessoas ou os de todo o teatro, fato que permitiu entender e relacionar os fenômenos locais com o resultado global.

Depois de cada função, o microfone do teto, que capta os aplausos de todos os espectadores, registra uns poucos segundos de aplausos desorganizados; a estes segundos de ruído segue-se um sinal periódico que reflete o fato de que todos se colocaram de acordo em seguir um ritmo. Mas, curiosamente, quando todos entram em sincronia, o volume total é menor. Cada pessoa começa a aplaudir, em média, a metade das vezes ou, o que é o mesmo, transcorre o dobro do tempo entre um aplauso e o seguinte.

Há muitas estratégias para que um grupo consiga sincronizar-se. O fato de que a gente precise frear-se para acertar os pontos corretos e conseguir sincronizar-se é, em princípio, uma estratégia nova mas que pode não ser a única da orquestra de aplausos. Muitos físicos se dedicam a estudar, de maneira abstrata, esta situação, na qual cada pessoa é uma equação com certa dinâmica (seu comportamento individual) e todas estão relacionadas por algum tipo de interação. O objetivo desses estudos não é apenas o de entender a dinâmica dos aplausos em um teatro, mas também o de compreender, estudando exemplos, as regras dinâmicas que permitem a um sistema auto-organizado conseguir um estado de sincronia.

Por que cada espectador espera o duplo de tempo entre um aplauso e outro aplauso quando está em sincronia com o resto? Os autores propõem que isto se deve ao fato de que ao aplaudir-se mais lentamente, todos aplaudem a uma velocidade parecida e, então, podem sincronizar-se. Essa explicação parece pobre, entre outras coisas, porque não simplesmente aplaudem mais devagar, mas também porque exatamente tardam o dobro e não 1,4 ou 2,7 vezes mais tempo, por exemplo, entre um aplauso e o outro. Por que o dobro? A sincronização coletiva de seres humanos é, de alguma maneira, um fenômeno comum e a dinâmica desse processo pode não estar bem descrita pelos modelos abstratos tradicionais que costumam ser muito simples e em geral têm caráter local no tempo e no espaço. Vejamos com maior pormenor esses conceitos. *Localidade temporal*, quer dizer que a interação em um dado tempo entre dois elementos – duas pessoas, dois vagalumes – não depende de toda a história de cada um dos elementos, porém do estado dos elementos nesse preciso tempo – se o vagalume está aceso ou apagado, se

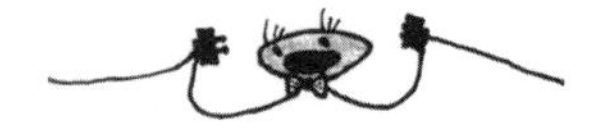

a pessoa aplaude ou não. *Localidade espacial*, quer dizer que um elemento só se relaciona com os seus vizinhos. Os modelos se constróem sobre esses princípios por duas razões distintas. A primeira é porque se acredita que o fenômeno estudado é realmente local; por exemplo, o interessante é compreender como somente com interações locais se logram fenômenos globais (como o fato de todo o grupo entrar em sincronia quando cada um de seus membros se relaciona apenas com o seu vizinho). A outra razão é que isto é feito assim simplesmente porque as equações são mais fáceis. Neste último caso, corre-se o risco de acabar estudando o que os físicos denominam *o cavalo esférico*, referindo-se ao problema de simplificar em excesso e entender propriedades que não eram do cavalo, mas do fato de supô-lo ser uma esfera.

A sincronia pode ser conseguida com interações locais e este tem sido o processo mais estudado. Mas também pode resultar de um processo de imitação que é global na medida em que se tem de esperar que o outro atue – ver a história – e só atuar pouco depois. Se a gente tentasse copiar o aplauso do vizinho localmente – tratando de aplaudir cada vez que o outro aplaude –, sucederia algo que se observa comumente, ou seja, que a gente aplaude um pouco depois. O tempo necessário gasto para ver que outro aplaudiu, tomar a decisão de aplaudir e fazê-lo, atrasa o nosso aplauso. Quer dizer, não há nenhum tipo de sincronia.

O poema "Spinoza" de Jorge Luis Borges refere-se uma vez mais à idéia de que um objeto é todos os objetos. "As tardes às tardes são iguais". Se tudo está em sincronia, tudo é o mesmo.

Porém as pedras não estão em sincronia, acaso as pedras não são iguais às pedras. Nós, que não somos pedras, imitamos. Assim aprendemos, assim somos. Imitar é construir uma imagem especular. Nós somos a imagem especular de algo que existe. Se assim fosse, se a gente imitasse, teria que dobrar o tempo, escutar e imitar, ver e repetir. Em um momento se percebe e em outro se executa. Quer dizer, o tempo de ação é apenas a metade (a metade imitada) do tempo real. Talvez por essa razão é que para sincronizar aplausos cada mortal aplaude a metade. O resultado do teatro é uma exemplificação de que cada um de nós não é mais do que uma réplica de uma imagem que já existe. Talvez isto nos distinga da tarde, que não tem de mirar a outra tarde para poder ser igual a todas as tardes.

AS PORTAS DE COCO

De todas as leis de Murphy, há uma que resume todas: se algo pode ir mal, irá mal. Os matemáticos, que provavelmente são os mais místicos entre os cientistas, costumam citar outro dito famoso: las brujas no existen, pero que las hay, las hay (as bruxas não existem, mas que as há, há). Com respeito às leis de Murphy, a gente tem que ser ainda mais crédulo do que com as bruxas. Sem saber se elas existem ou não, que elas existem, existem, definitivamente. A ciência e as leis de Murphy têm tido um escasso, porém importante, diálogo que começa com a física mais mecanicista, explicando porque o pão cai sempre com o lado da manteiga para baixo, até a psicologia experimental que explica porque muitas vezes, entre duas opções, escolhemos a pior.

Um dos exemplos favoritos para estudar a tomada errônea de decisões é o do cruzamento de trens, que, por certo, tem sua própria lei de Murphy. Esta estabelece que o trem vizinho (como qualquer automobilista já experienciou) anda sempre mais depressa. Um estudo muito simples, publicado em setembro de 1999 pela revista *Nature*, propõe que esta lei resulta de uma ilusão. Dito de outra maneira, a sensação dos condutores é produto de um cálculo equivocado da velocidade do comboio alheio.

Os autores do trabalho, Donald Redelmeier e Robert Tibshirani, propõem que a sensação de que na faixa vizinha o trem se move mais depressa resulta do fato de que – mesmo quando a velocidade média dos dois comboios é a mesma

– transcorre mais tempo enquanto somos ultrapassados do que enquanto ultrapassamos os outros. A mecânica disso é simples e se relaciona com o caráter harmonizado do trânsito: nos congestionamentos, o trânsito se entorpece, os carros de uma faixa de rodagem juntam-se num pacote compacto, ao passo que no tráfego fluido o trânsito se estira, mantendo maior distância entre os diferentes veículos de uma mesma faixa de rodagem. Assim, enquanto nos adiantamos em relação à faixa vizinha de carros quase parados, ultrapassamos mais rapidamente muitos carros colados; ao passo que quando nós estamos presos no trânsito uma estirada fila de automóveis nos ultrapassa durante um tempo mais longo.

Esta lei de estiramento e colapso pode modificar-se com as regras de aceleração e desaceleração de maneira que esse fenômeno aumente. Os autores apresentaram a um grupo de estudantes de auto-escola telas com tomadas de dois comboios de automóveis e observaram que, mesmo quando a velocidade média de ambos era a mesma, a maioria das pessoas optava por mudar de faixa de rodagem. O estudo é um pouco pobre e só confirma a conhecida lei de Murphy: todos nós cremos que é melhor mudar de faixa. Restaria agora realizar uma experiência mais ilustrativa que analise se a tendência de mudar de faixa se modifica à medida que vai mudando a relação de tempo que a pessoa passa ultrapassando e a que é ultrapassada – mantendo sempre as velocidades médias constantes. A idéia, de qualquer maneira, é interessante e segue a mesma linha de um magnífico trabalho publicado em 1974 por Daniel Kahneman e Amós Tversky, da Universidade Hebraica de Jerusalém, em que se

estuda como os erros nas tomadas de decisão podem dar conta das estratégias e representações que a gente faz para avaliar o espaço de possibilidades nessas tomadas de decisão. Nesse estudo, por exemplo, descrevem-se os traços de um tal João e pergunta-se a certas pessoas se, dados esses traços, João é comerciante ou astronauta. As respostas dependem da descrição de João, mas os consultados esquecem-se que João seguramente não seria astronauta porque para cada astronauta haveria uns tantos milhões de comerciantes. Neste caso, como em tantos outros, a decisão baseada na similitude com alguns caracteres pré-existentes omite dados fundamentais para a avaliação das diferentes possibilidades.

Outros erros típicos são os que nascem da suposição de que as pequenas amostras reproduzam a estatística. Quer dizer, se saíram três bolas vermelhas no cassino, a seguinte seguramente será negra. Este erro provém de uma concepção errônea do acaso, como se este corrigisse ativamente flutuações em vez de diluí-las.

Por fim, existe um fato interessante no salto que vai da lei de Murphy básica – "se algo pode ir mal, irá mal" – à regra da escolha de faixa de rodagem equivocada. Enquanto que a primeira fala de um fatalismo universal, a segunda inclui nosso suposto livre-arbítrio nesse fatalismo. Como exemplo, a célebre lei do pão com manteiga fala do fatalismo universal. A natural (e fatal) evolução das coisas, descrita pelas leis da física, é que faz com que o pão caia sempre do lado errado. Para Murphy, porém, nós também somos coisas e portanto fatais. A lei da manteiga tem uma versão análoga que nos envolve e que traduz o fatalismo do determinismo murphyano universal (se é que podemos falar assim) em nossa fatal tomada de decisões. Esta estabelece que não se pode dizer com acerto em qual dos dois lados do pão há que se untar a manteiga. Agora é a pessoa que tem de decidir onde untá-lo para que, quando caia, o faça do lado correto. Façamos o que façamos, faremos mal.

Para além dos cuidados e experimentos precisos, a velha premissa merece ser levada em conta: quando decidimos, costumamos fazê-lo no limite equivocado e tendo em vista as variáveis equivocadas. Com ou sem ilusões, vivemos tomando decisões. Ir embora, ficar, dormir, despertar, querer, odiar etc. Vivemos mudando de faixa. Vale a pena repensar quantos nos passarão à frente e a quantos ultrapassaremos, em lugar de refletir quanto tempo nos ultrapassam e quanto tempo avançamos em cada uma das decisões a tomar. Isso sim: junto com a sempre latente pergunta de para que – em tempo ou em número – nos adiantamos.

CRIANÇAS EM FUGA

Há vários anos, em um dos frios lagos do sul argentino, em meio ao silêncio, os gritos de pânico e pedido de socorro de um garoto que se afogava despertaram todos os mochileiros: "Estou me afogando! Estou me afogando!". A um certo "cara" inteligente ocorreu gritar-lhe: "Fica de pé!". E foi assim que o adolescente em pânico descobriu que estava se afogando onde dava pé, e que o medo é que o afogava; quando se pôs de pé, salvou-se. Essas histórias nem sempre têm finais felizes, a desgraça se multiplica quando são massas que entram em pânico, lutando torpemente para sobreviver e, nessa luta, reside sua condenação. Tudo piora quando à inércia natural que induz o medo se somam a torpeza, a ignorância e a falta de preocupação dos que constroem estádios, edifícios e demais estruturas em que as massas assustadas pela fumaça, pelos guardas com cassetetes montados a cavalo ou por outras massas nada mais podem fazer senão chocar-se contra as paredes. O futebol costuma ser o exemplo canônico: a famosa porta 12 do estádio do River Plate onde, em junho de 1968, morreram esmagadas 83 pessoas, ou aquele final da Copa da Europa em que os *hooligans* de Liverpool empurraram os torcedores da Juventus contra um muro onde se estatelaram mais de quinhentas pessoas e morreram mais de trinta, são alguns dos casos mais lembrados.

Deixando de lado, por um momento, aqueles pensamentos que se referem à condição humana – e à existência mesmo de

guardas com cassetetes montados em cavalos – o pânico, enquanto fenômeno, requer uma ampla série de reflexões e, entre outras questões, vale a pena perguntar-se como deveria ser construído o mundo para que as massas em pânico pudessem encontrar uma saída sem se estatelar. Para tanto, são necessários, como quase sempre, dois condimentos: boas intenções e eficiência.

As boas intenções resolvem os pontos óbvios, como, por exemplo, o planejamento de saídas de emergência, e que os edifícios tenham escadas de incêndio ou que as portas se abram para fora. Os pormenores mais finos – e nem por isso menos importantes – como otimizar a distribuição de portas ou saber qual é a largura ideal de um corredor requerem, além do mais, resolver, de maneira eficiente, um problema difícil. E, visto que nesse campo não se pode experimentar e testar, é necessário gerar modelos para estudar as soluções ideais.

No geral, os modelos utilizados têm sido pobres e apresentam defeitos importantes; eles são essencialmente baseados na otimização do fluxo de água de encanamento, como se cada pessoa fosse uma molécula que teria de escapar de um aposento. Mas está claro que, neste caso, a simplificação parece demasiado tosca. Em um estado de pânico sucede-se uma quantidade de fenômenos que não pode ser posta de lado em nenhum modelo. Por exemplo, sabe-se que uma pessoa em pânico tende a seguir a corrente, a imitar, coisa que as moléculas de água definitivamente não fazem.

Um grupo de húngaros e alemães do leste decidiram levar a sério o problema e não modelar fluidos por meio de canos, porém trabalhar com pessoas tão realistas quanto pudessem ser concebidas baseados em extensos estudos da sociologia do pânico. Entre outros dados, as análises mostravam que cada indivíduo trata de mover-se mais rapidamente do que o faz normalmente, que as pessoas se empurram entre si, que elas caem e se convertem em obstáculos para outras pessoas e que cada indivíduo tende a seguir a massa (é notável que em estado de pânico não deixemos de confiar no próximo, ainda que este seja um ilustre desconhecido). Os autores chegam a uma série de conclusões e encontram algumas soluções ótimas, seja mudando parâmetros de comportamento individual ou da arquitetura. Por exemplo, dada a tendência de imitar, a existência de duas portas não melhora demais uma situação de escape já que a massa tende a agrupar-se em uma das duas portas, deixando a outra vazia. De qualquer forma, como sucede amiúde, a idéia é melhor e mais promissora do que os resultados e é esta que merece ser ressaltada.

Pouco antes daquele verão no sul, saíamos para ir ao cinema com dois colegas em cuja companhia ministrávamos um curso de álgebra. Eram seis da tarde e tínhamos duas horas para chegar ao cinema. No meio do caminho ocorreu algo imprevisto: um pneu de nosso carro furou. Parecia um conto armado: como fazem três matemáticos para trocar um pneu? Os pormenores do método são irrelevantes, salvo pelo fato de que as duas horas não foram suficientes e não foi possível chegar a tempo para assistir ao filme. A moral da história sugere que o estereótipo do cientista inútil para resolver as situações simples e cotidianas da vida não deixa de ser um pouco certa. Diz-se que um dos matemáticos mais geniais, o húngaro Paul Erdös, era famoso por ser incapaz de passar manteiga numa torrada.

O trabalho sobre a fuga em situação de pânico não chega a uma conclusão demasiado surpreendente ou nova. Sua acolhida com bumbos e pratos (capa da revista mais importante, prêmio máximo da semana) é um fato que indica, em si mesmo, que hoje a ciência parece evoluir – como fazem todos os românticos, segundo José Ingenieros* – do romantismo ao estoicismo. Pareceria que, finalmente, a ciência está disposta a sujar as mãos e dedicar-se a resolver problemas que não encerram os segredos mais profundos, porém resolvem as necessidades mais imediatas.

*. José Ingenieros (1877-1925) nasceu em Palermo, na Itália. Viveu na Argentina, onde se formou em medicina. Psiquiatra, professor, escritor e filósofo, exerceu grande influência cultural e política na intelectualidade argentina.

3.

COSTUMES ANIMAIS
AS HISTÓRIAS DAS PORCAS

É tarde. Difícil saber se é dia ou noite. Mais ainda para as porcas que não dormiram nada. Elas correm para o mar e mergulham até apagar a noite de seus corpos. Dá-lhe uma, dá-lhe duas, dá-lhe três. Já não sabem contar. Esqueceram-se.

JUVENÍLIA

Ao maior dos quadrúpedes, não lhe faltam fábulas nem lendas. Animal memorioso que, segundo o escritor chileno Jorge Donoso, morre nas universidades, o elefante é lento, sábio e culto; terno e simpático. Quem não se lançaria aos braços ou pelo menos à tromba de um elefante? O certo é que numa história sensacional da selva, um grupo de rinocerontes, em lugar de lançar-se às trombas, tratava de fugir de uma horda de violentos elefantes órfãos que ameaçavam fazer um enorme desastre. O conflito devia ser resolvido prontamente para o bem, entre outras coisas, dos assustados rinocerontes. Seguindo uma observação da pesquisadora Joyce Poole – que dedicou sua vida a estudar os elefantes africanos, escreveu um precioso livro e foi honrada com o título local máximo de *Mama Ndovu* (Elefante Mãe) – verificou-se que a solução para o desenfreio dos pequenos órfãos era incorporar velhos elefantes que dominassem e acalmassem os mais jovens.

Esta história sociológica e psicoanalítica de sexo e violência entre os verdadeiros pesos pesados começa em 1980, quando um grupo de jovens elefantes de menos de dez anos, sobrevivente da matança no Kruger Park, foi reintroduzido em Pilanesberg, também na África do Sul. As redistribuições e matanças de elefantes no parque são uma prática comum, cujo intuito é controlar as populações das distintas espécies. Em espécies como as dos elefantes, que se organizam em sociedades

estruturadas, não basta controlar o número de indivíduos, mas é preciso também controlar a distribuição relativa de indivíduos dentro da sociedade.

Os elefantes machos começam a ser férteis por volta dos dezoitos anos, porém dificilmente se reproduzem antes dos trinta. Em média, atravessam uma violenta prática biológica e social chamada *musth*. Durante esse período, as bochechas do elefante derramam lágrimas de um azeite com cheiro de almíscar e seu pênis ereto expulsa, de maneira contínua, uma enorme quantidade de urina que jorra por entre as pernas. As lágrimas são excessos de uma glândula que segrega, entre outras coisas, testosterona, que é a mesma molécula que exacerba a nossa masculinidade. Nesta etapa, ademais, o papel do elefante na sociedade muda notavelmente. Nenhum outro, maior ou menor, se atreveria a enfrentá-lo, salvo se estiver no mesmo estado, caso em que a peleja pode acabar em morte. É nessa idade, quando os machos se retiram para o "Terreno dos touros", um espaço onde não entram as fêmeas, que eles disputam, em violentas brigas, a água e a masculinidade. Também, nesse período, o macho começa a perseguir as fêmeas durante horas em busca desesperada dos escassos quinze segundos que dura a penetração.

Um elefante tem seu primeiro *musth* perto dos 25 anos. O estado pode durar alguns dias e repete-se periodicamente; aos trinta anos chega a durar várias semanas. Os órfãos de Pilanesberg tinham um desenvolvimento precoce do estado de *musth*, o que estava de acordo com certas observações de Poole, que indicavam que a presença de elefantes adultos inibe e atrasa o *musth* nos mais jovens. Este intrincado mecanismo social estabelece o caminho para a idade adulta: algo como a versão, ao modo de elefante, dos conceitos freudianos da "metamorfose da puberdade" e "o achado do objeto".

Se os elefantes mais velhos inibem o *musth*, fica claro como salvar os rinocerontes: basta "semear" elefantes velhos no parque para que controlem os mais jovens. Alguns poucos elefantes adultos (seis num total de oitenta e cinco) conseguiram obter uma mudança significativa no temperamento dos elefantes jovens e aplacar a sua exacerbada violência contra os rinocerontes.

Na mesma história se encontram o exemplo e o contraexemplo do velho debate: fazer ou não fazer. A primeira opção requer a crença em um *laissez-faire* natural com a convicção de que a natureza é sábia e, portanto, não se deve intervir, não se deve fazer nada. A outra solicita acreditar na intervenção de um iluminado – ou uma espécie iluminada – capaz de melhorar a organização das coisas e, portanto, intervir, fazer. E assim, somar e subtrair elefantes e rinocerontes para que as populações sejam tão ideais quanto nos pareçam. No fundo, a discussão é um absurdo, uma tautologia. No fim das contas somos uma espécie, mais uma, e jogamos o mesmo jogo que os elefantes e os rinocerontes. Só que nós resolvemos o nosso *musth* no divã.

CUMBIA, SOM E O FILHOTE DE BALEIA

O capitão Fitz Roy, sobrinho do duque de Grafton, zarpou a bordo do Beagle rumo aos mares do sul para estudar história natural. John S. Henslow, então professor de botânica em Cambridge, efetuou sua contribuição mais significativa para as ciências naturais ao recomendar a seu acérrimo observador e coletor de sapos que acompanhasse, como naturalista, o capitão em sua expedição à Terra do Fogo: o jovem naturalista era Charles Darwin, que, aos 22 anos, pensava entrar na carreira religiosa e se divertia com escapadas para as montanhas com Adam Sedwick, seu professor geólogo. Sedwick havia revolucionado a geologia mostrando que não tinha havido um único dilúvio, mas sim uma série de catástrofes que havia dado origem aos estratos rochosos que eles observavam. Todos – Henslow, Sedwick e o próprio Darwin – eram, acima de tudo, naturalistas cujo único prazer era observar, estudar, colecionar e descrever os objetos naturais.

Uma análise minuciosa da fauna das ilhas dos Galápagos levou Darwin a gestar a idéia mais sólida e generalizada da história da vida, mas ainda assim o naturalista se converteu hoje em uma espécie em extinção. A fascinação pela tecnologia, o sucesso da abstração e a crescente especialização, entre outras razões, converteram o naturalista em um dinossauro da ciência. Paradoxalmente, não é que tenha sido depreciado o ofício de observador, mas sim o daquele que observa minuciosa e despreconcebidamente para entender os segredos mais profundos. Hoje, as páginas dos foros principais da ciência estão cheias de estruturas de proteínas ou de nomes de genes que fazem cem vezes o mesmo, quer dizer, uma descrição exaustiva, mas não necessariamente minuciosa, da fauna molecular.

As histórias da selva perderam prestígio e costumam apresentar-se com menos exuberância e, não obstante, continuam tendo um encanto que os obcecados pelas moléculas não poderão nelas encontrar. A diferença entre ambos os estilos fica clara em dois artigos publicados pela revista *Nature* em dezembro de 2000. São eles: "Regulação da Osteoclastogênese Mediada por Células T Via Interação entre RANKL e IFN-g" e "A Revolução Cultural nas Baleias"; e mesmo que o título não diga nada sobre a relevância de cada um dos artigos, entendemos o abismo que existe entre eles. Enfim, é uma sorte que ainda haja aqueles poucos que não precisam apoiar-se em um jargão e num mundo próprio, e aqueles que estudam o que todos podem entender e fazem o que todos podem fazer. É muito bom que existam ainda aqueles que vivem entre ser cientistas e narradores, e fazem ciência não só para entender as coisas, mas também para encontrar histórias que valem a pena ser contadas.

Assim estão os que passam anos escutando a linguagem das baleias. Horas e horas escutando o canto das baleias e entendendo – ou procurando entender – como se altera esse canto à medida que mudam os mares ou passam os dias e os anos. Em que pese tantas horas de atenção, ainda ninguém sabe bem para quê cantam as baleias e, muito menos, o quê é que dizem. O canto delas é rico, complexo e estruturado. Elas se utilizam de

uma imensa variedade de sons em uma previsível sucessão de temas ou unidades fundamentais que podem repetir-se por horas. Como sucede com os pássaros, o canto das baleias é fundamentalmente uma ostentação de virilidade, um desdobramento de plumas, uma tentativa de sedução ou de briga com os demais machos que pugnam pelas fêmeas. Mas as baleias, seguramente, dizem muito mais em seu canto, talvez dêem indicações de navegação, sinais de perigo ou, simplesmente, brinquem.

Essa é a história conhecida desde que, nos inícios dos anos de 1970, o biólogo norte-americano Roger Payne começou a submergir microfones nos oceanos para escutar o canto das baleias. Em junho de 2000, um grupo de pesquisadores do célebre Instituto Oceanográfico de Woods Hole se pôs a perseguir baleias e conseguiu gravar seus cantos enquanto os repetia com um sinal de baixa freqüência. Isto é, ao microfone, se adicionou, agora, um alto-falante. Os pesquisadores de Woods Hole, financiados pela marinha dos EUA, verificaram que as baleias prolongavam seu canto quando eram seguidas pelo ruído humano. A idéia dos autores é que as baleias cantam durante mais tempo para compensar a interferência das emissões humanas.

Alguns anos atrás, um grupo de australianos gravava o canto de uma comunidade de mais de cem baleias enquanto elas migravam do norte para o sul na costa leste da Austrália. Verificaram que – como no restante dos casos – o canto era uniforme em toda a comunidade e evoluía muito lentamente com o passar do tempo. Por sua vez, o canto era muito diferente do das baleias da costa oeste australiana. Sua paciente observação foi premiada e puderam presenciar um fato notável. Em 1996, duas baleias da comunidade do leste começaram a cantar uma canção radicalmente distinta de todas as suas vizinhas e muito parecida às das baleias migratórias do oeste. Seis meses depois, vinte e cinco baleias cantavam a nova canção e dez, uma canção intermediária. Um ano após terem aparecido as duas imigrantes, todas as baleias haviam incorporado o novo canto. Os autores apresentam o seu trabalho como o primeiro exemplo de revolução – em vez de evolução – na tradição vocal, e não necessitam, como procederam seus colegas de Woods Hole, de demasiadas hipóteses que dêem valor a seu trabalho.

É, simplesmente, um fato da natureza digno de ser contado, o testemunho de um grupo de excelentes naturalistas.

PEEP SHOW
ADULTS ONLY
NUDE GIRLS
TONIGHT
XXX

NINGUÉM É BURRO

Herr Von Osten deveria ser um dos exemplos a se levar em conta quando se quiser mostrar a vocação para a pedagogia. O professor de matemática alemão do princípio do século XX, uma vez aposentado de sua atividade docente convencional, dedicou-se a dar lições de cálculo, letras e música a Hans. Isto não seria demasiado surpreendente, salvo pelo fato de que Hans era seu cavalo e que mostrou-se, ademais, como sua amiga vaca na Quebrada de Humahuaca, ser um aluno exemplar.

Hans dava respostas diferentes golpeando um certo número de vezes sua pata dianteira contra o piso. A história não era totalmente nova, vários cavalos foram astros de circo e haviam surpreendido pelo poder de contar ou responder ao público. Claro que estas demonstrações escondiam algum truque e sempre havia algum domador atrás da cena indicando ao cavalo, com algum sinal, quando devia interromper suas obedientes patadas. O cavalo não contava três, quatro ou sete, simplesmente golpeava até o domador lhe indicar que devia terminar.

Diferente era o caso de Von Osten, que não tinha nenhuma intenção de ganhar fama ou dinheiro com o seu cavalo. Foi assim que reuniu um grupo de seletos, entre os quais se encontravam importantes estudiosos do comportamento animal, para que conhecessem o seu aluno. Hans teve que responder perante o júri de eruditos e, sem ficar nervoso, pôde patear sempre o número de vezes correto, mesmo quando Von Osten se encontrava fora

da sala. Hans não precisava ver Von Osten para saber quando parar. Estava então o animal realmente contando o número de patadas? Pode um cavalo contar?

Hans passou rapidamente de estudante a estudado por Oskar Pfungst, um psicólogo experimental. Se o caso já era em si suficientemente surpreendente, imagine o problema de Pfungst quando descobriu que não era preciso dizer em voz alta a Hans qual era o número que tinha de contar. Bastava pensá-lo ou sussurrá-lo e Hans contava. Em vez de se desesperar ou enlouquecer e sonhar com um cavalo telepático, Pfungst suspeitou que o interrogante devia estar vinculado com pistas muito sutis, talvez ligeiros movimentos de cabeça ou pequenas alterações corporais quando o cavalo chegava ao número correto, e o animal seria suficientemente perceptivo para poder apreciá-los. Pfungst pôde provar que ali se decifraria o enigma ao se colocar o interrogante atrás de uma tela opaca de maneira tal que o cavalo não pudesse vê-lo e dali lhe propor o problema. Hans, nesta situação, era incapaz de responder corretamente. O cavalo não era, pois, como foi considerado a princípio, um gênio da abstração, mas sim um ser admiravelmente sensível e perceptivo, capaz de distinguir sutis mudanças anímicas nos seus examinadores.

O caso de Hans talvez seja o exemplo mais famoso da história do estudo da mente animal. Significou, além disso, o começo de uma visão cética com respeito à capacidade de efetuar um estudo sério da mente animal e, em geral, da mente. Como entender o que se passa dentro da cabeça do outro? Como saber se o outro está contando ou empregando qualquer outro tipo de processo que nossa própria cabeça é incapaz de imaginar? Cabe à ciência o estudo da mente?

A história de Hans foi seguida de um longo silêncio até que o norte-americano Donald Griffin tornou a despertar o problema em seu livro *A Pergunta da Consciência Animal*, editado em 1976*, no mesmo ano em que alguém deveria ter escrito *A Pergunta da Consciência Humana*. Após o golpe que a comunidade científica sofreu ao ver-se enganada por algum tempo pela sensibilidade de Hans, a ciência moderna parece ter-se posto de acordo nas duas últimas décadas, depois do esforço de Griffin, que a mente animal é um problema abordável.

No rincão dos processos mentais há um convidado especial, os números naturais, os que contam. Mesmo para a matemática, rainha da ciência, os números naturais são abstratos. Enzo Gentile, matemático e magnífico professor, outro daqueles que deveriam ser considerados como exemplo de pedagogia, apresenta em seu livro *Aritmética Elementar* uma frase do matemático Leopold Kronecker: "Deus criou os números naturais, o resto foi o homem que fez". Em seu prólogo, Gentil prossegue contando que a teoria dos números, mesmo dentro da matemática, sempre foi considerada como um ramo difícil e revestido de uma aura de certo mistério. Os números naturais são, de alguma maneira, o princípio da matemática. Então, que objeto pode ser melhor para o estudo da mente nos animais que sua capacidade para manejar os números? Voltemos à pergunta para a qual Hans nos havia

*. Ano do sangrento golpe de estado na Argentina que instaurou a ditadura militar.

dado uma resposta enganosa: pode um animal não humano ter noção de numerosidade (de grande número de objetos)?

Em um trabalho publicado na revista *Science* em outubro de 1998, Elizabeth Brannon e Herbert Terrace, do Departamento de Psicologia da Universidade de Columbia, respondem a essa pergunta. Ambos estudaram dois macacos, Rosencrantz e Maduff, a quem ensinaram a ordenar uma série de fotos que podiam ter de um a quatro elementos, indo do menor para o maior. A noção de ordem – maiores e menores – é fundamental e característica dos números naturais. De novo, a gente pode perguntar-se se o macaco pode estar usando chaves distintas à do conceito de número para ordenar as fotos. Por exemplo, seria possível que as que apresentam mais objetos ocupem mais superfície e daí seja esta a pista usada pelos macacos para ordená-las? Levando estas variáveis em conta, o trabalho procura controlar todas as chaves geométricas e espaciais, de tal maneira que a única opção disponível ao animal para ordenar as fotos seja contar. Quer dizer, apresentam dois objetos grandes contra três pequenos, ou um grande e afastado contra dois grandes e um pequeno, e assim continuando de maneira tal que a única coisa sistematicamente distinta nos dois casos é o número de elementos. Mais interessante ainda: tão logo seus macacos aprenderam a ordenar de um a quatro, os investigadores estenderam a lista, pedindo-lhes que ordenassem fotos com número de objetos entre cinco e nove. Os macacos foram imediatamente capazes de ordená-las, sugerindo que o que haviam aprendido era o conceito de numerosidade e não especificamente a distinguir entre quatro números diferentes.

Ninguém descobriu uma estratégia alternativa que os macacos pudessem estar usando que tenha escapado a Brannon e Terrace em seu trabalho. Até que isso ocorra, muitos de nós acreditaremos que a evidência é suficientemente boa, ainda que, por sua natureza científica, seja evidência vulnerável.

O lugar que a matemática ocupa no espaço das coisas (materiais, abstratas, naturais) tem sido tema de extenso debate na história da filosofia. Muitos pensam a matemática como ciência natural. O homem faz edifícios, bolas e matemática, como os passarinhos do tipo João de Barro fazem seus ninhos. Este artigo está de acordo com uma concepção naturalista dos números e, portanto, da matemática, e deveria servir, além de tudo, para confirmar a idéia de Gentile, que assegura que a distância de muita gente em relação aos números é produto de um sistema de ensino em crise e não de alguma impossibilidade inata. No fim das contas, diz Gentile, a aritmética pode atrair qualquer pessoa possuidora apenas de um pouco de curiosidade.

MÉNAGE À TROIS

O poeta, humorista e compositor uruguaio Leo Maslíah, nascido em 1954, conta a história da viagem de uma família qualquer a qual se adiciona, de surpresa, o animal que todos levamos dentro de nós. Quando a viagem termina e a família está pronta para um dia no campo, ocorre ao animal que levamos dentro de nós ir a passeio com a menor das filhas. Os pais, com razão, se assustam. Ninguém na família gostaria de ter a menor de suas filhas com o animal que todos levamos dentro de nós. A história sugere que o animal que todos levamos dentro de nós nunca nos abandona, nem sequer quando está brincando pacificamente na praia.

Muitos acreditam não sermos mais do que isso e que, estudando o comportamento animal (dos que estão na selva), entenderemos além disso o animal que todos temos dentro de nós, e com isso nossos sentimentos mais profundos.

No sonho do biólogo Edward Wilson, todo comportamento humano, toda complexidade e diversidade da cultura, podem ser explicadas por meio de algumas regras básicas da sociobiologia. Segundo Wilson, "quando os mesmos parâmetros e a mesma teoria quantitativa são utilizados para analisar colônias de cupim e grupos de macacos, teremos uma teoria unificada da sociobiologia".

Este é um dos assuntos para os quais a comunidade científica está mais politizada. Talvez com razão, a esquerda da ciência se

comportou sempre sem titubeios a respeito destes temas. Disto não se fala; isto não se faz. Buscar a biologia da homossexualidade é quase reacionário, tanto como buscar diferenças entre gêneros ou raças. Provavelmente esta é uma resposta exagerada a um longo processo de busca biológica das diferenças entre sexos ou raças; porém, ao mesmo tempo, é uma resposta que nasce da legítima suspeita de que os resultados possam ser interpretados a partir de preconceitos racistas ou, pior ainda, de que a própria pergunta esteja formulada a partir do racismo de nossa sociedade. Em algum momento, a idéia de que as mulheres eram menos inteligentes que os homens era quase tão óbvia para algum grupo como o fato de as coisas caírem. A ciência se voltava então para explicar todas essas verdades. O medo de que a ciência legitime o racismo é quase tão absurdo quanto o medo de que a ciência legitime a violência. Por algum motivo, a esquerda tradicional da ciência se tornou muito mais inflexível com a ciência que põe em xeque os nossos valores morais mais do que nossa própria existência. Será preciso perguntar as razões ao animal que todos temos dentro de nós.

O certo é que, colocado nos termos mais agradáveis às pessoas, na selva abundam as espécies nas quais todos se espojam com todos: machos com machos, fêmeas com fêmeas e (por obrigação ou mandato com a espécie, pelo menos) machos com fêmeas. Este último parênteses não é casual: quando a preservação da espécie se converte em uma regra moral, e daí num comportamento natural, começam os problemas. Porém, além da discussão racial, também está sempre presente neste debate a ambivalência entre a teoria do todo e as infinitas teorias do nada. Há regras gerais para o comportamento? E, mais humildemente, pode-se entender algo do comportamento humano estudando-se o comportamento animal? A resposta à primeira pergunta provavelmente é que não, pelo menos no sentido em que se costuma entender uma teoria geral. A resposta à segunda pergunta é seguramente que sim e também é certo que muitos cientistas, impelidos por seu fastio com aqueles que respondem de modo afirmativo à primeira pergunta, se afastam muito da realidade e negam-se a aceitar qualquer relação entre o comportamento humano e o do resto dos animais.

Dois trabalhos publicados na revista *Nature* estudam o *mènage à trois* em diferentes espécies, sem dúvida, com a ilusão – lícita – de estarem estudando por que o *mènage à trois* obceca tanto o animal que todos temos dentro de nós. Os dois trabalhos são, pelo menos, divertidos de se ler e procuram entender a biologia deste comportamento social. Estudam basicamente quem tira vantagem deste tipo de relação, onde a vantagem é entendida de acordo com a máxima premissa evolutiva: o êxito de um indivíduo fica determinado pela descendência que deixa, até onde propaga seus genes.

O primeiro dos trabalhos estuda uma espécie de pássaros que se dedica a juntar ostras, o segundo estuda os escaravelhos. Estes últimos são muito mais promíscuos que os caçadores de ostras que, em geral, vivem em casais estáveis e conservam, ademais, sempre o mesmo território. Estas aves perdem suas crias se não cuidarem delas em pares, mas ocasionalmente o fazem em trios constituídos por duas fêmeas e um macho. Não se pode dar uma reposta correta à pergunta de por que se agrupam em trios

e muito menos, por certo, responder se o fazem voluntariamente; porém se pode sim fazer perguntas mais específicas e respondê-las por meio da observação. Por exemplo, uma fêmea deixa maior descendência, porque põe mais ovos ou porque é capaz de cuidar deles melhor, quando compartilha essa tarefa com outra fêmea? As fêmeas que compartilham machos têm alguma relação de parentesco ou não têm nenhuma proximidade genética em particular? Os trios são tão duradouros quanto os casais?

A razão pela qual surgem estas perguntas e não outras liga-se, por certo, a um monte de pressupostos levantados pelos pesquisadores que levam a cabo esse trabalho quando investigam o que está ocorrendo entre os caçadores de ostras.

Que os machos ou as fêmeas tirem vantagem por constituir trios depende, por exemplo, de saber se cooperam entre si ou se matam entre si, ou se o território que lhes resta para compartilhar é suficiente para que o espaço não seja um problema. Em geral, está claro que o macho – de qualquer espécie – sempre tira vantagem dessa situação; de fato, os monógamos são em geral vistos como polígamos frustrados. Não obstante, no caso destes pássaros, devido ao fato de que muitas vezes as fêmeas competem entre si, os machos não parecem tirar demasiadas vantagens disso.

A conclusão do trabalho é que ninguém obtém grande vantagem na relação, e que os caçadores de ostras se agrupam em três por não lhes sobrar espaço, e que as fêmeas apenas aceitam compartilhar aquilo que preferem. Isso fica em parte confirmado pelo fato de que os trios se dissolvem logo, presumivelmente tão logo uma das fêmeas consiga mudar-se para uma relação mais íntima.

Com os escaravelhos o assunto é ainda mais promíscuo. A interrogação inicial é: por que os machos montam sobre os machos e as fêmeas sobre as fêmeas? Sobretudo, se levarmos em conta que este comportamento – em princípio – não acompanharia a premissa básica evolutiva colocada no começo. Para avançar nesta questão, um grupo de pesquisadores procurou provar a hipótese de que talvez as fêmeas se deixem montar por outras fêmeas em busca de machos valentes capazes de deslocar a fêmea que as está montando. Nesse caso, estariam assegurando um exemplar forte como pai de suas crias.

Isto é o que sucede entre os escaravelhos: enquanto dois se encontram em plena cópula (abominável, segundo Bioy Casares), um terceiro se intromete e, se tiver o tamanho e o ânimo para fazê-lo, desloca o presumido macho. Para analisar este fenômeno, estudou-se a tendência de escaravelhos grandes e pequenos em intrometer-se entre cópulas grandes e pequenas. Os resultados revelaram que os escaravelhos pequenos supostamente não se atreviam a meter-se com os pares de maior tamanho, cruzada que só os grandes escaravelhos empreendiam. Para assegurar-se de que os escaravelhos grandes querem demonstrar que são realmente grandes, os investigadores compararam a tendência dos machos em tentar copular com uma fêmea só, ou com um par. Honrando o *ménage à trois* trazido dentro de si por eles, os escaravelhos machos mostraram sentir-se mais atraídos por um par do que por uma fêmea sozinha. O trabalho é pobre, porém. Entre os pormenores relevantes, vale a pena mencionar que os escaravelhos utilizados para medir a atração (tanto as que formam par como as solteiras) estavam

mortos e que os pares estavam colados como grude. É provável que a única razão pela qual os escaravelhos prefiram os pares é porque é mais difícil para o macho andante dar-se conta de que cada um dos escaravelhos constituinte do par havia partido para um mundo melhor. Uma última possibilidade, sistematicamente esquecida, é que talvez não exista nenhuma vantagem, de tipo algum, de nenhuma forma. Talvez o façam simplesmente porque lhes agrada, a eles e a elas, ou ao menos ao animal que todos trazemos dentro de nós.

PEEP SHOW
ADULTS ONLY
NUDE CHICS
XXX
TONIGHT

ENCONTRO SUBLIMINAR

Um dos referentes na investigação do sistema olfativo é Gilles Laurent, cientista do Instituto Tecnológico da Califórnia. Em 1997, tive uma entrevista com ele e lhe perguntei por que estudar o sistema olfativo e não um outro. Gilles, que é francês como seu nome sugere, respondeu fechando os olhos, aproximando a mão do nariz e inalando profundamente. "Fundamentalmente por um gosto pessoal", respondeu-me.

Minha pergunta atendia ao fato de que a comunicação humana é dominada pela informação visual e auditiva. Muito mais distante e em menor proporção participa a informação olfativa. Numa aula aberta, James Hudspeth, descobridor de quase todo o funcionamento das células encarregadas de traduzir o *som* em algo que o cérebro entenda, quis salientar a importância que o escutar é para nós, assinalando que a vista nos relaciona com as coisas, porém a audição com as pessoas. Como vemos, cada qual defende seu sentido.

Não obstante, constitui parte do jargão popular que cheiramos mais do que cremos cheirar. Cheirar uma situação significa suspeitar de algo a seu respeito. Pode ser que estejamos, sem o saber, cheirando e comunicando-nos por meio da química olfativa.

Faz tempo que se descobriu que isso sucede em animais. Há quarenta anos, Karlson e Luscher denominaram feromônio aquela substância química secretada por um animal que provocava uma resposta comportamental ou fisiológica noutro da mesma espécie. Há dois tipos de feromônios: os que atuam diretamente, ocasionando rápidas mudanças comportamentais, e os que atuam indiretamente via sistema neuroendócrino. Isto é, os feromônios ativam regiões do cérebro (por exemplo, o hipotálamo) e a ativação dessas áreas tem como conseqüência alguma mudança na produção de um hormônio, que por sua vez resulta em uma mudança fisiológica ou comportamental.

Assim como há um órgão especializado para escutar, também há um especializado para detectar feromônios. Chamam-no órgão vomeronasal e, embora esteja situado muito perto da cavidade nasal, as vias que o conectam com o cérebro são independentes do sistema olfativo. Essa independência faz com que os feromônios sejam sinais químicos detectáveis sem o ato consciente de experimentar um odor.

Está claro que nós seres humanos temos odores, alguns certamente mais do que outros. E, contra a idéia geral, o quanto uma pessoa exala não constitui uma justa medida da limpeza pessoal. Muitos dos odores dependem de fatores genéticos, hormonais, dietéticos, psicológicos e outros. Mas a pergunta é: quanto das substâncias que emitimos tem fins comunicacionais?

Parte da evidência indicadora da existência desta comunicação provém da seguinte observação, produto de uma ampla série de trabalhos: uma mãe pode reconhecer, entre muitas camisetas, o cheiro da camiseta de seu filho e, da mesma maneira, um bebê pode reconhecer, entre muitos odores, o de sua mãe. Porém, pode-se perguntar se existem substâncias químicas que sejam feromônios capazes de induzir respostas sem a sensação consciente de se estar cheirando algo?

Até 1994, quando Luiz Monti-Bloch e seus colegas modificaram o dogma, acreditava-se que o órgão vomeronasal em humanos adultos estava atrofiado. Em seu achado, a equipe estabeleceu que, ao menos, existem as bases anatômicas para o circuito feromônios-órgão vomeronasal-hipotálamo-sistema endócrino. Porém, nós as usamos? Quatro anos mais tarde duas mulheres do Departamento de Psicologia da Universidade de Chicago, Kathleen Stern e Martha McClintock, deram resposta a essa pergunta.

McClintock havia mostrado, fazia já quase trinta anos, que o ciclo menstrual de algumas mulheres que vivem juntas ou compartilham uma parte importante de seu tempo pode ficar sincronizado. Isso implica que existe algum tipo de comunicação entre elas e, desde que se descobriu esse fenômeno, sugere-se que os feromônios poderiam estar envolvidos nisso. É claro que, ao mesmo tempo, é impossível não pensar que outras formas comunicacionais – visuais ou auditivas – poderiam ser as causadoras do fenômeno, ou que tal sincronização poderia simplesmente responder pela existência de horários e hábitos comuns ou ao fato de elas estarem expostas a estímulos similares.

McClintock dedicou-se a estudar, em modelos animais, a influência de feromônios no comportamento reprodutivo. Para o experimento, armaram um dispositivo especial em que duas ratas, encerradas em dois compartimentos independentes, permaneciam conectadas apenas pelo ar e pelas substâncias habitadas neles; os animais não se viam, não se escutavam, nem se tocavam. Passado algum tempo, ela pôde verificar que uma das ratas podia emitir dois tipos de sinais diferentes produzidos por dois feromônios distintos: um sinal, produzido antes da ovulação, encurtava o ciclo menstrual; o outro sinal, produzido após a ovulação, tinha o efeito de encompridar o ciclo.

Em estudos teóricos, McClintock também mostrou que, por meio da segregação destas duas substâncias nos tempos corretos, era possível sincronizar o ciclo menstrual. Em seu último trabalho ela encontrou respaldo experimental para o seu modelo e, avançando na mesma linha teórica, pôde demonstrar, pela primeira vez, que os seres humanos podem comunicar-se por feromônios.

A experiência realizada foi a seguinte: recolheram em chumaços de algodão odores das axilas de diferentes mulheres, impregnaram-nos com álcool e os colocaram entre o nariz e o lábio superior de diferentes mulheres. Cuidaram para que nenhuma mulher soubesse do que tratava o experimento e também asseguraram-se de que as substâncias – ocultas pelo álcool – não produzissem sensação olfativa nas diferentes mulheres. Não obstante, de maneira consistente, as substâncias recolhidas em mulheres que se achavam na etapa folicular tardia do ciclo menstrual – prévia à ovulação – lhes encurtava o ciclo menstrual, ao passo que a inalação de substâncias obtidas das mulheres durante a ovulação lhes produzia (também sem nenhuma sensação olfativa) o efeito contrário.

Este experimento sugere que nós, seres humanos, podemos nos comunicar por meio de feromônios, mas não é prova de que esta comunicação ocorra em um âmbito social (ao menos, não é de freqüente uso social andar impregnando o lábio superior das vizinhas com algodões umedecidos por transpiração). Seguramente serão feitos experimentos que procurarão analisar

se a comunicação por meio de feromônios se dá fora dessa situação fortemente induzida em laboratório.

De qualquer maneira, o fato de podermos nos comunicar por feromônios é sumamente importante. Além das aplicações sugeridas por este experimento na busca de fármacos que permitam exercer controle sobre o ciclo menstrual e seu eventual uso como contraconceptivo, é certo que se lançará uma apaixonada busca para medir o alcance contido nesse secreto diálogo. Sabe-se que os odores exercem influência sobre os estados emocionais e talvez então exista a possibilidade de uma espécie de contágio sentimental remediador da distância infinita entre duas almas. Esta separação essencial é caricaturada pela dramática história de uma mulher que atravessa um estado de plena felicidade devido ao amor que sente por seu namorado, que está tomando banho no quarto ao lado. O amante escorrega e morre e, então, apesar da curta distância, se dá esse segundo absurdo, em que o homem está morto e ela enormemente feliz por ele.

Nas crises mais profundas, nos tempos das múltiplas explicações, este mundo amplo e alheio aparece quase como uma limitação intrínseca de nossa capacidade de sermos solidários. Seria fácil e elegante lançar a culpa na natureza pelos problemas que não temos podido resolver. Talvez o mundo não seja nem tão amplo nem tão alheio e, nesse processo de assumir como mais peculiares as razões, como grupo ou como espécie, de nossa manifesta incapacidade de nos organizarmos dignamente, talvez possamos "olfatar" alguma solução.

4.

LÁ AO LONGE
TRAVESSIAS DE UM PORCONAUTA

Todo porconauta espera o momento de sua primeira viagem. Quando chega o dia, monta seus instrumentos em um dirigível, queima o ar e sai da atmosfera.
Já conhece o caminho porque navegou nele em sonhos.
Percorreu o jardim dos cometas e os prados das grandes explosões.
Parte com fé: sabe que a viagem termina em um encontro.

OS PRIMEIROS PORCONAUTAS

Os cosmólogos têm a difícil tarefa de reconstruir a história de nosso universo a partir das fotos que obtêm com os seus telescópios. A história da história do universo diz que estas fotos são interpretadas para produzir resultados na aparência muito mais confiáveis do que depois se verifica. Um dos primeiros e mais famosos exemplos é o cálculo Edwin Hubble da idade do universo. Em princípios do século XX, ele estimou que o universo contava entre um e três bilhões de anos. Os geólogos de então advertiram que este cálculo apresentava um pequeno inconveniente: suas pedras eram mais velhas que o próprio universo. Na ciência, a relação entre cosmólogos e geólogos é parecida com aquela que se dá em medicina, entre neurocirurgiões e proctologistas: uns são os mais grandiloqüentes; os outros, os mais mundanos. Por isso, a teoria cosmológica não tremeu demasiado com este pequeno detalhe anunciado pelos colegas geólogos.

Hoje todo mundo está de acordo com a idéia de que o universo se expande desde a sua origem – entre dez e vinte bilhões de anos atrás –, e de que as contas dos geólogos estão certas e o cálculo de Hubble, errado. Porém, a fim de poder opinar, é preciso que nos apresentem algo mais do que o produto final. Por uma longa série de razões, a ciência acaba sendo vendida em latas de cores. A divulgação da ciência é triunfalista e sensacionalista, sem perder tempo em discussões de métodos ou nas histórias que desembocam nos diferentes resultados.

A expansão do universo é deduzida do fato de que as galáxias se afastam (todas de todas) com uma velocidade proporcional à distância que as separam, como numa explosão, em um globo que se infla ou em um papel que se estira. Conhecido o ritmo desta expansão, basta rebobinar a película para ver quando todo o conteúdo colapsa em um ponto. Aí, crêem os astrônomos e cosmólogos, começou o universo (há 13,7 bilhões de anos).

Determinar a idade do universo se reduz, então, a calcular o ritmo de expansão ou, dito de outra maneira, qual é o fator entre a velocidade com que as galáxias se afastam e sua distância. Para isso, basta medir duas variáveis para todas as galáxias: sua distância e a que velocidade elas se afastam. A esta altura já se cometeu uma infinidade de simplificações necessárias. Por exemplo, que além da velocidade de expansão do universo, as galáxias – assim como as estrelas, os planetas e demais objetos no cosmo – movem-se por outros motivos assim como a atração gravitacional. Para resolver este problema, os cosmólogos têm de medir objetos que estejam suficientemente afastados para que a velocidade de expansão do universo seja muito maior do que todas as demais. Como este, há muitíssimos outros pontos obscuros nos modelos; alguns a gente avalia bem e outros nem sequer se conhece. Os erros que vão surgindo se preservam no tempo, até que os conflitos entres as diferentes medições se tornem insustentáveis e se comece a revisar todas as hipóteses de novo. O processo, desde logo, pode durar muitos anos.

De qualquer maneira, a parte mais conflitiva da medição é a distância. Como saber quão longe está uma fonte de luz? Como distinguir se é uma fonte muito brilhante lá ao longe ou uma fonte próxima, muito mais tênue? As diferentes maneiras de responder a esta pergunta são as que geraram significativos erros e más interpretações na história da idade do universo. Quase todo mundo está de acordo com o fato de que um dos métodos mais razoáveis é usar estrelas conhecidas como velas padrão, cuja intensidade seja sempre a mesma, independentemente da galáxia em que se encontrem. Os dois exemplos mais famosos de velas padrão são as cefeidas e as supernovas. As primeiras são estrelas oscilantes com uma intensidade proporcional ao seu período; as supernovas são visíveis apenas quando explodem e essa explosão libera sempre a mesma quantidade de energia, razão pela qual, mais uma vez, todas têm a mesma intensidade. Nenhuma dessas duas sentenças é contundente, quer dizer, as velas padrão não são tão padrão assim. Hubble utilizou as cefeidas como velas padrão e cometeu uma série de erros sistemáticos no cálculo de sua luminosidade por ter subestimado a absorção de luz pelo pó interestelar. O resultado é o que já conhecemos: calculou mal a idade do universo.

A expansão do universo continua sendo medida com técnicas parecidas. As referências vão sendo utilizadas iterativamente, como que construindo uma escada. Visto que se conhece a distância dos pontos mais próximos, estes são usados então para calibrar intensidades e estas servem de imediato para calcular distâncias dos pontos mais afastados. O satélite Hubble (em homenagem ao cosmólogo) partiu com muitos projetos, e a medição da constante de expansão (conhecida como constante de Hubble) foi uma de suas mensurações mais importantes. Para isso foi usada a conhecida distância até a nuvem de Magalhães, uma galáxia que se vê somente no sul e que contém muitas cefeidas. Conhecida esta

distância, a intensidade das cefeidas foi calibrada. A seguir localizaram oito supernovas que compartilhavam a galáxia com outras cefeidas, o que permitiu medir a intensidade das supernovas utilizadas depois para calcular a distância a outras galáxias muito mais afastadas, onde também explorou-se supernovas. Assim, confuso e intrincado, foi o método que depois resultou, uma vez mais, num preciso cálculo definitivo da idade do universo.

O Hubble havia cumprido a sua missão. Mas cinco dias depois, outro grupo, empregando outra técnica totalmente distinta, inovadora e mais simples, logrou resultados que diferiam em cerca de vinte por cento do obtido pelo telescópio Hubble. Este grupo usou um *maser* natural que orbita ao redor do centro de sua galáxia. Um *maser* é como um *laser* que emite microondas (como o forno) e permite que possamos vê-lo com nossos telescópios. Esse novo método parece bom mas tampouco fica claro serem suas hipóteses mais sólidas que as do velho método. A história se repete, ainda que as diferenças pareçam encurtar-se com o passar do tempo.

Os erros grosseiros de cálculo podem ser muito relevantes na evolução do conhecimento. Uma enorme subestimação do raio da Terra levou Colombo a lançar-se para o oeste em busca das Índias. Hoje não há barcos que naveguem tão longe no espaço, razão pela qual os números precisos não são particularmente interessantes. Para quem faz alguma diferença ser dez ou catorze bilhões de anos o começo do universo, conquanto que seja um número consistente com o resto das observações sobre ele? O conceito importante é que o universo tem um começo. Ainda assim, a tentação de vender números e ciência com maior precisão do que se tem é inevitável.

PORCONAUTAS ASSIMÉTRICOS

Martin, bem, Joe Silk está aqui. Falamos um pouco a respeito do Boomerang. Por ora nenhuma palavra, mas John P. ouviu um rumor segundo o qual detectaram um terceiro pico. Supõe-se que vão convocar a imprensa para uma entrevista daqui a cinco semanas, Joe porém duvida que isso aconteça. Você sabe de algo mais?

Saudações, Avery.

Martin e Avery não são jornalistas nem espiões. São dois membros do seleto grupo de cosmólogos que esperam uma grande notícia: a confirmação experimental dos modelos vigentes sobre a geometria do universo. Nada mais, nada menos. Em dezembro de 1998, o grupo Boomerang enviou um balão para dar voltas pela Antártida a fim de medir a radiação cósmica de fundo. A conseqüência é um resultado sensacional que ainda não se tornou público e desespera os colegas alheios à equipe. Qualquer indício sobre o segredo chega em segundos a centenas de escaninhos do correio eletrônico, como os de Martin e Avery. Por ora, o que se filtrou destas mensagens permitiu saber que, numa reunião de rotina do grupo Boomerang, a pessoa encarregada de analisar os dados apresentou o último resultado. Sem outro comentário, todos os presentes puseram-se de pé e começaram a aplaudir como se fosse um momento histórico. Desde então, os cosmólogos do Boomerang passeiam com um sorriso que trai a iminência da divulgação do achado.

"RAPAZES, FOMOS FURADOS". A história da radiação cósmica de fundo e sua relevância para o entendimento do universo começa em 1946. George Gamow tentava compreender porque havia átomos pesados no universo. Os físicos acreditavam que nos primórdios do universo só existiam átomos de hidrogênio. Segundo Gamow, os átomos mais pesados haviam sido gerados a partir dos de hidrogênio, por meio de reações nucleares que exigiram temperaturas mais altas que as existentes no universo de hoje. Fermi, Hoyle, Burbridge e Fowler mostraram, tempos depois, que os elementos mais pesados se formam em reações nucleares ocorridas nas estrelas, e a idéia de Gamow ficou obliterada, caindo no esquecimento durante anos.

As reações nucleares emitem radiação e esta viaja pelo tempo e espaço. A teoria de Gamow estabelecia uma previsão importante: a gente deveria poder observar, na atualidade, a radiação emitida naquele universo primevo repleto de reações nucleares em que se cozinhavam átomos de peso intermediário. Esta radiação é conhecida como a radiação cósmica de fundo. Sua freqüência – a das microondas – está próxima da banda ocupada pelas ondas de rádio e sua intensidade é muito baixa – muito menor que a de qualquer estação de rádio ou de televisão –, de tal maneira que, durante a época de Gamow, a tecnologia não permitia detectá-la.

Com o tempo, a comunidade de astrônomos e físicos foi perdendo interesse por esses resultados e, em princípios da década

de 1960, quando a tecnologia tornava possível detectar a radiação de fundo, ninguém se ocupava dela. Então, em 1964, em Princeton, Robert Dicke e seus colaboradores reinventaram a teoria de Gamow e construíram uma antena para detectar a radiação de fundo. Ao mesmo tempo, em outra parte de Nova Jersey, e sem saber nada sobre tudo isso, Arno Penzias e Robert Wilson haviam construído um receptor de microondas de grande sensibilidade; em que pese todos os seus cuidados para eliminar os ruídos estranhos, havia um que não conseguiam eliminar e cuja origem lhes era desconhecida. Por sua vez, um dos pais da radioastronomia, Bernie Burke, havia assistido a um seminário de Jim Peebles da Universidade de Princeton – hoje considerado um dos fundadores da cosmologia moderna – em que ele explicava o modelo do Big Bang e previa a radiação cósmica de fundo. Burke relacionou o que foi dito no seminário com o excesso de ruído que Penzias e Wilson observavam. Ali estava a chave: nesse ruído desconhecido decifrava-se a radiação de fundo. Ao descobrir a relação, Penzias telefonou para Dicke, seu colega de Princeton. O chamado chegou durante um dos *brown bag lunches* do grupo de Dicke. O *brown bag lunches* (almoço das bolsas marrons) é a comida barata norte-americana e é parte do folclore da elite de Princeton, que todas as sextas-feiras – desde antes de Einstein e até os dias de hoje – se reúne para esta celebração gastronômica. Penzias explicou seus resultados a Dicke que, ao desligar, disse a seu grupo "Well boys, we've been scooped" (Bem, rapazes, fomos furados). Pela descoberta, Penzias e Wilson ganharam o prêmio Nobel.

A GUERRA DAS GALÁXIAS. Atualmente, a radiação cósmica de fundo é considerada uma das evidências mais importantes em favor da teoria do Big Bang. A teoria prediz, além disso, que a intensidade da radiação de fundo, que recebemos de todas as direções do céu, deve ser quase a mesma. Quase, porém não a mesma, porque em algum momento deve ter começado a assimetria que faz com que algumas regiões do universo estejam cheias de estrelas e galáxias enquanto outras estão vazias.

Como foi que estas estruturas foram geradas? A teoria em moda é que pequenas irregularidades em um universo primevo foram amplificadas pela gravidade. A idéia é muito simples: uma região massiva do universo atrai matéria como conseqüência da gravidade, tornando-se então mais maciça ainda e, portanto, atrai mais matéria. Assim, criam-se centros que competem por atrair matéria. Arrebatam a matéria que os rodeia, deixando grandes zonas vazias e crescem à medida que passa o tempo. Segundo este modelo, a mesma força de gravidade que faz com que estejamos firmes sobre a Terra dá lugar às grandes estruturas no universo.

Se assim fosse, o universo deveria ser mais homogêneo à medida que a gente recua na história, já que quanto menos tempo tenha passado, a amplificação das irregularidades por efeito gravitatório é menor. Ver o universo primevo é possível porque a luz demora um tempo para chegar até nós. A radiação de fundo viaja (sem pausa e sem pressa) desde que o universo contava trezentos mil anos de idade – quer dizer, quando era sumamente jovem, levando-se em conta que, no presente, ela já cumpriu os dez bilhões de anos. São os rastros do universo de Gamow, um universo quente e muito mais homogêneo. As zonas de maior intensidade da radiação de fundo correspondem

às regiões mais densas. Se a gravidade é o motor do processo de formação de estruturas, a radiação de fundo deve ser muito mais homogênea no passado do que no presente. E é precisamente isto o que se observa. Porém, enquanto a densidade de matéria numa galáxia é hoje milhares de vezes maior que a densidade média do universo, as diferenças entre as zonas mais e menos intensas da radiação de fundo são apenas de um em cem mil. De fato, estas diferenças são tão pequenas e, portanto, tão difíceis de medir, que recentemente, em 1994, foram detectadas pela primeira vez pelo satélite COBE.

Um universo primevo muito mais homogêneo dá sustentação à idéia de que a variação de massa se ampliou com o decorrer do tempo, como conseqüência do trabalho da gravidade. Mas, de onde é que se originaram estas flutuações? Os modelos em voga, que parecem fazer previsões consistentes com as observações, chamam-se modelos inflacionários. Embora existam muitas variantes dessas teorias, todas têm uma característica comum: as flutuações iniciais originam-se em um universo quase embrionário (entre dez e trinta e cinco segundos após o Big Bang), quando os efeitos quânticos eram mais acentuados. As flutuações foram engendradas neste momento e depois foram modificadas somente pela gravidade.

Os modelos inflacionários estabelecem previsões fortes a respeito do tamanho típico das estruturas que deveriam ser observadas nos mapas da radiação de fundo. Tais modelos sustentam que no começo havia flutuações de massa em escalas distintas. Quer dizer, havia regiões um pouco mais massivas (e outras um pouco menos) de qualquer tamanho. Se a gente modela matematicamente esta situação, utilizando as equações de Einstein, verifica-se que as regiões de certo tamanho são as que mais se amplificam e as que, ao final, ganham no jogo de ver quem consegue mais matéria.

A GEOMETRIA DO UNIVERSO. Conhecer a escala espacial destas flutuações não só é fundamental para entender os modelos de formação de estruturas, como também permite avançar no tocante a uma das maiores interrogações da física: Qual é a geometria do universo? Esta pergunta poderia ser respondida porque a luz se propaga de maneira diferente em diferentes geometrias. Enquanto em um universo plano dois pontos de luz aparecem mais próximos à medida que se afastam (por exemplo, os dois faróis de um automóvel), em outras geometrias esta regra pode ser diferente. Suponhamos que vivemos em um mundo de duas dimensões. Conhecer a geometria equivale a saber se estamos sobre a superfície de uma mesa (universo plano) ou sobre a superfície de uma esfera (universo fechado). Se lançarmos dois raios de luz a partir do pólo sul de uma esfera, primeiro eles se afastarão, seguindo os meridianos, porém depois, ao cruzar o Equador, começarão a juntar-se de novo e cruzar-se-ão no outro pólo. Bem distinto é o caso de lançarmos dois raios sobre uma mesa: eles se afastarão para sempre e ao mesmo ritmo. Se a radiação cósmica de fundo houvesse se propagado em um universo esférico (fechado), veríamos as estruturas galácticas maiores do que são na realidade. Dada a predição que se tem para o tamanho das flutuações, pode-se conhecer a geometria comparando o tamanho esperado das estruturas com o observado.

Um dos principais esforços deste ramo da comunidade científica orienta-se atualmente para a confecção de mapas da radiação de fundo para estudar o tamanho das estruturas. Mesmo que conceitualmente isto seja algo de aparência simples, na prática é uma tarefa muito difícil. Resultados pouco claros e conflitivos desembocaram em um terreno de especulações que parecem sugerir que o universo é plano, mas espera-se aclarar-se isso com dados mais convincentes. Talvez tais dados já tenham chegado em balão da Antártida.

Um grande problema experimental para estes estudos é o vapor de água na atmosfera. O vapor de água emite radiação nas mesmas freqüências que a radiação de fundo e, portanto, os referidos experimentos precisam minimizar sua influência. Há várias alternativas para resolver este problema. A primeira é ir a um lugar muito seco como, por exemplo, o deserto ao norte do Chile. A outra é instalar o telescópio em um balão que possa subir até a estratosfera e assim permanecer por cima da maior parte do vapor de água. Estes balões são impressionantes e pouco têm a ver com os de praça ou com os balões aerostáticos comuns: quando estão totalmente abertos têm o tamanho de um estádio de futebol. Infelizmente, não se pode obter dados durante um tempo suficiente, visto que o balão, levado à deriva pelos ventos, dificilmente se mantém no alto por mais de uma noite. Para mantê-lo no alto, voando durante mais tempo, os integrantes do projeto Boomerang foram para a Antártida, onde os ventos movem o balão em um círculo ao redor do pólo sul (do mesmo modo que se move o Sol no Círculo Polar). Assim, conseguirão a proeza de manter o balão voando durante catorze dias, fato que proporcionará uma informação de qualidade significativamente superior àquela da qual temos conhecimento até agora.

A COMUNIDADE ABAIXO DO BALÃO. Entre os cientistas há uma grande expectativa, e os responsáveis por outros experimentos apressam-se para publicar seus resultados antes que o Boomerang o faça. A grande maioria destes grupos, que competem entre si, é financiada pela NASA (Administração Nacional do Espaço e da Aeronáutica). Os egos, os conflitos, as publicações, o estoicismo, os ciúmes e o espírito de aventura da ciência são auspiciados pela mesma agência. Porém, hoje em dia, ninguém na comunidade cosmológica duvida de que os dados do grupo Boomerang sejam de uma qualidade impressionante e que, com eles, poder-se-á analisar todas as predições dos modelos inflacionários. Depois de tudo, nota-se que os rostos de satisfação contida dos investigadores ao encargo do Boomerang não mentem.

EXPLOSÕES NO CAMINHO DO PORCONAUTA

No ano de 1963, em plena Guerra Fria, o governo dos Estados Unidos enviou um satélite para detectar possíveis provas nucleares realizadas pelos soviéticos. O satélite estava preparado para medir os raios gama, que são raios de luz, porém com muito mais energia do que os da luz visível. Os primeiros resultados foram surpreendentes e preocupantes: detectaram, com uma freqüência quase semanal, explosões gama. Se elas vinham de terra soviética, os russos estavam disparando de tudo. Em rigoroso silêncio, os americanos procuraram fazer medidas para determinar de onde vinham tais explosões. As medições que obtiveram, comparando a radiação em dois satélites e medindo a diferença de tempo entre um e outro, indicaram que as explosões vinham do espaço. Após algum instante de dúvida e susto ainda maior sobre aquilo em que tinham pensado, isto é, de que os russos não só estavam explodindo todo tipo de bombas nucleares mas que, além disso, faziam-no a partir do espaço, os físicos e astrofísicos americanos se convenceram de que tais explosões não eram manufatura humana, porém ocorriam espontaneamente em algum lugar no universo.

Tudo isso se sucedeu há várias décadas. Passada a primeira década – e todas as paranóias – as explosões se fizeram públicas. Porém, recentemente, em 1999, depois de muita investigação e de satélites que passaram noites e noites apontando para o céu, pode-se ter alguma pista concreta sobre o que eram essas explosões gama; as maiores jamais vistas em algum lugar do cosmo. Em particular, o que se buscou entender é de onde vêm e o que as gera. A primeira sugestão é que devem proceder de algum lugar de nossa galáxia, porque se viessem de galáxias longínquas a energia da explosão deveria ser desmedidamente grande para que pudéssemos observá-la de tão longe. Tão grande que nenhum evento até agora visto poderia produzir tanta energia em tão pouco tempo.

Um novo satélite partiu para o espaço com detectores diferentes capazes de medir a radiação gama a fim de saber algo mais a respeito destas explosões. O experimento BATSE* podia medir o lugar de ocorrência dessas explosões com a precisão de um grau, o equivalente à exatidão de um segundo em um relógio. Tal solução parece boa, porém, se mirarmos o céu por uma janela de um grau, nos depararemos com umas cem mil galáxias, razão pela qual esta ainda é uma resolução muito baixa para se conhecer com exatidão o lugar de explosões.

Antes do BATSE, a explicação aceita pela maioria dos astrofísicos era a de que os clarões eram de origem galáctica. Se os raios gama procediam de nossa vizinhança galáctica, não era preciso que as explosões fossem ridiculamente energéticas. Qual seria a fonte de energia das cintilações constituía uma questão que ainda estava em debate, porém havia ao menos concordância em afirmar que sua origem deveria ser galáctica. Como sempre, existia uma minoria de valentes propondo fontes de energia mais exóticas, como colisões de buracos negros, que

*. Burst and Transient Source Experiment (Experimento sobre Erupção e Fonte Transiente).

teriam a energia suficiente para alimentar as tremendas explosões que seriam necessárias ainda que os raios gama viessem de outras galáxias.

Todas as hipóteses mudaram quando BATSE revelou seus resultados numa conferência em Maryland, em 1991: as explosões vinham indistintamente de todas as direções, quer dizer, eram isotrópicas. Isto é importante porque se as explosões fossem de nossa galáxia, a maioria deveria provir do centro galáctico (considerando-se que nós não estamos no centro, mas sim em um extremo da galáxia). Os dados do BATSE sugeriam que as explosões eram cosmológicas, o que significa que – contrariamente às predições – provinham de galáxias distantes. Mas, então, se voltarmos ao primeiro ponto, a energia da explosão devia ser enorme. Tão grande que em poucos segundos seria capaz de irradiar toda a energia irradiada por nosso querido Sol em dez mil milhões de anos, a idade do universo.

Após algumas tentativas que terminaram em fracasso, novamente, em 1997, outro satélite, o ítalo-holandês BEPPO SAX, partia para o espaço com a missão de localizar, com maior precisão, a direção de origem das explosões. Em um surpreendente trabalho coletivo, envolvendo grupos de muitos países, o satélite enviava, assim que registrava uma explosão, informação aos diferentes telescópios sobre a direção de origem. Os diversos grupos apontavam seus telescópios nesta direção e assim conseguiram identificar, com muito boa precisão, a origem das explosões. O BEPPO SAX pôs um ponto final na discussão entre galácticos e cosmólogos ao situar a origem das explosões em galáxias remotas.

É claro que ainda assim nenhum teórico conseguiu explicar qual fenômeno pode levar a tamanhas explosões. Não só a energia que irradiam é incompreensível para os físicos, mas também pouco se compreende como a frente da explosão pode propagar-se à velocidade próxima à da luz. Isto sugere que quase toda a energia é transportada por partículas sem massa, já que as partículas pesadas não podem propagar-se com tão altas velocidades. Porém, quase todas as grandes explosões cosmológicas começam em estrelas que colapsam ou estrelas que se chocam. Quando isto sucede, toda massa da estrela se propaga na explosão. Isto fez com que alguns teóricos propusessem que, na realidade, tais explosões fossem o resultado do colapso de dois buracos negros. Não obstante, a verdade é que não há ainda nenhuma explicação convincente para estas gigantescas explosões. Conhecer sua origem, claro está, não é muito mais do que uma curiosidade acadêmica. Estes magníficos fogos de artifício, por serem distantes, se tornam inofensivos.

PORCONAUTAS DE PESCA

Em 6 de fevereiro de 1999 foi lançado, do Cabo Canaveral, uma nave espacial com o nome de Stardust (Pó de Estrela). A Stardust partiu para um encontro, já agendado a quatrocentos milhões de quilômetros da Terra para o dia 2 de janeiro de 2004, com o cometa Wild-2. O objetivo era que a nave se metesse, coberta por seus escudos e a uma velocidade de 21.960 km/h, na nuvem de pó estelar que rodeia o cometa, e soltasse sua vara de pescar em forma de raquete de tênis para recolher as pequenas partículas formadoras da nuvem. Seria esta a primeira amostra de material recolhido para além de nossa vizinha Lua. Com sorte, se todos os cálculos estiverem bem feitos, se os computadores ou o mundo não enlouquecerem e, se Deus quiser, exatamente no dia 15 de janeiro de 2006, no deserto salino de Utah, Stardust aterrizará depois de haver percorrido cinco milhões e duzentos mil quilômetros. [E foi de fato o que aconteceu]

Os cometas são os objetos mais primitivos de nosso sistema solar. Eles são remanescentes da nebulosa original que formou o Sol e os planetas integrantes do sistema. Estas estruturas dão uma volta perto da Terra com períodos que vão desde dois até centenas de anos. Seu aparecimento repentino e elegante, ostentando suas longas caudas, foi popularmente acolhido com terror na Antigüidade, como símbolo de um mau presságio. Na história das ciências foram aparecendo distintas abordagens da questão: Aristóteles pensava que os cometas eram

emitidos a partir da Terra; o astrônomo dinamarquês Tycho Brahe, em fins do século XVI, foi o primeiro a prever sua localização; e, recentemente, depois da metade do século XX, astrônomos, como o dinamarquês Jan Hendrick Oort e o holandês Gerard Kuiper, deram uma descrição da natureza dos cometas que mais se aproxima da visão atual.

Hoje se acredita que todo sistema solar emerge de uma nebulosa de pó estelar resultante da explosão de uma estrela maior que o nosso Sol. Desta nebulosa nascem o Sol, os planetas, e fica, além disso, todo um remanescente de pó estelar, rochas, bolas de gelo e gases congelados. Muito além dos planetas, onde termina o sistema solar, localizam-se bilhões de cometas adormecidos que dão voltas ao redor do Sol até passarem perto de alguma estrela que lhes dá um empurrão gravitatório e os envia para o centro, imprimindo-lhes sua forma característica com sua cauda alargada. Parte dos astrônomos discutem que Plutão (o último dos planetas) não é um planeta, porém um cometa gigante a orbitar ali, ao longe*.

Por estarem tão longe, viverem em no frio profundo e, portanto, quase não modificaram sua estrutura original. Todos sabem que com baixas temperaturas as coisas se conservam e mudam menos. Os cometas são, portanto, fósseis do sistema solar; subsistiram quase sem alterar-se por bilhões de anos, preservando uma estrutura muito similar à da nebulosa original.

*. Em 24/08/2006, a União Astronômica Internacional decidiu considerar Plutão não mais como um planeta principal, mas como um "planeta-anão", sendo visto agora como o primeiro de uma categoria de objetos trans-netunianos sob o número 1340340.

Os cometas que vemos (entre eles o famoso Halley) são somente aqueles que foram chutados e empreenderam sua excursão até a zona planetária de nosso sistema, passando a fronteira de Plutão. Quando se acha a menos de setecentos milhões de quilômetros do Sol, a superfície do cometa começa a aquecer-se e a evaporar-se, gerando uma nuvem ao redor do núcleo, conhecida como cauda. A cauda é o que se vê como a cabeça do cometa quando a gente o observa a partir da Terra. É nesta cauda que a Stardust se infiltrou para caçar o pó estelar anexado que forma o cometa.

Wild-2, o cometa do encontro, é particularmente interessante porque até agora nunca havia passado demasiado perto do Sol. No ano de 1974 o percurso efetuado pelo cometa o aproximou de Júpiter, e a força gravitacional do planeta alterou sua órbita de tal maneira que, em breve, se aproximará mais do Sol. Isto é particularmente conveniente se pretendemos buscar uma amostra, o mais parecida possível, da nebulosa original, porque a cada volta que dá ao redor do Sol o cometa envelhece, mais material se evapora, a luz e o calor modificam sua estrutura e, portanto, ele se diferencia mais do fóssil da nebulosa original.

Além dos cometas, os meteoritos também passam o tempo viajando pelo sistema solar. O pânico constante diante da possibilidade de um impacto (depois que o último grande choque, há 65 milhões de anos, acabou com a bem-sucedida supremacia dos dinossauros) faz com que algumas pessoas se preocupem em saber mais a respeito desses espécimes. Mesmo tendo ganho por roubo a batalha contra o resto das espécies pela ocupação da Terra, não ficou claro para o homem se o novo lobo reside

no mesmo fantasma que atentou faz tanto tempo contra os dinossauros ou, como dizia Marx, se é preciso buscá-lo dentro de nossa espécie. Em todo caso, a aventura no espaço custa à NASA centenas de milhões de dólares por ano.

As redes de pescar com as quais a Stardust saiu à caça da poeira estelar são formadas por um material denominado aerogel, o material menos denso conhecido por nós, algo assim como um vidro esponjoso. Tanto esta espécie de vidro como a velocidade à qual a nave pescaria o pó foram planejadas para varrer a maior quantidade possível de elementos e para que as partículas da poeira não se destroçassem contra as redes pela força do impacto, dado que suas velocidades, ao serem capturadas, seria aproximadamente seis vezes maior do que a de uma bala ao sair de um rifle. Para a construção da rede supôs-se que as partículas encontradas, a serem trazidas pela nave depois de um par de anos, seriam menores do que um grão de areia. De outra forma, os escudos da Stardust teriam sérias dificuldades para resistir ao choque de partículas de tamanho maior que o de uma ervilha.

A nave não poderia ir mais depressa porque, ao se chocar com o aerogel, as partículas da poeira estelar mudariam sua estrutura. Assim, quando estas partículas viessem a se chocar contra as redes, elas deveriam afundar-se em seu interior, deixando um rastro duzentas vezes maior do que o seu próprio tamanho. No choque a temperatura sobe muito (até 10.000 °C) e faz com que o gel se derreta e cubra a partícula a ser estudada posteriormente.

De maneira diferente dos meteoritos, os cometas são formados por elementos muito parecidos aos que nos constituem, quer dizer, água e materiais orgânicos. Isto despertou o temor de haver nesses cometas alguma forma de vida recolhida pela Stardust juntamente com as partículas de poeira, algum terrível e desconhecido vírus que infecte a Terra. Neste caso, a história dos dinossauros se repetiria, porém com menos ruído e numa versão na qual nossa espécie teria de assumir mais responsabilidades. Tudo leva a supor que isto não é possível. Em primeiro lugar porque o Wild-2 passou quase todo tempo em um frio extremo no qual a vida é impensável. E, em segundo lugar, porque, mesmo se houvesse vida, o método de recolhimento (que inclui, como dissemos, entre outras coisas, aquecer a amostra a 10.000 °C e cobri-la de um gel) deveria ser esterilizador. Mas isto seria assim somente se supusermos que a única solução para a vida se pareça com a nossa. Será esta uma das muitas coisas que se poderá ver e analisar. Só precisamos esperar as análises de uma pequena amostra da pré-história de nosso sistema solar que aterrizou com sucesso no deserto salino de Utah, em 15 de janeiro de 2006.

REENCONTRO COM A VIDA

"Seria estranho que uma espiga de trigo crescesse solitária em um grande campo ou que houvesse um só planeta no infinito". A citação é do filósofo grego Epicuro. Não custou muito para que a humanidade encontrasse campos com muitas espigas, porém foi preciso esperar mais de vinte séculos até que, em 1995, Michael Mayor e Didier Queloz – ambos do observatório de Genebra – descobrissem outro planeta fora de nosso sistema solar. Desde então foram encontrados vários planetas orbitando ao redor de outras estrelas parecidas com o nosso Sol.

O grupo integrado por Jeffrey Marcy e Paul Butler, da Universidade de São Francisco, descobriu um planeta orbitando ao redor de Gliese 876 – uma estrela três vezes menor do que o Sol –, mostrando que a existência de sistemas planetários pode ser um fenômeno geral.

A busca de outros planetas demorou tantos séculos porque a luz proveniente de um planeta é muito tênue e, ademais, a estrela na qual orbita nos ofusca quando tentamos mirá-lo. Diz Marcy: "É como tentar ver um vagalume a 100 km de distância ao lado de uma explosão nuclear. Seria impossível, a explosão nos cegaria. Uma estrela é milhões de vezes mais brilhante do que seus planetas".

Ante a impossibilidade de ver planetas fora de nosso sistema solar, os astrônomos tiveram que desenvolver métodos alternativos. Em particular, fizeram uso do fato de que um

planeta atrai por interação gravitacional a estrela ao redor da qual orbita. Este fato é, em geral, esquecido por nós, que assumimos estar girando com o nosso planeta em torno de um Sol fixo. Da mesma maneira que o Sol nos atrai, nós atraímos também o Sol. Uma grande desproporção de massas – o Sol pesa trezentas mil vezes mais do que a Terra – faz com que o Sol se mova muito menos do que nós. E, no entanto, se move*. É claro que detectar este movimento constitui um enorme desafio, já que equivale – mantendo-se as proporções – a observar um deslocamento de um milionésimo de segundo nos ponteiros de um relógio.

De fato, os astrônomos não vêem o movimento das estrelas, mas sim um traço deixado por esse movimento, conhecido como efeito Doppler. O mesmo acontece para ondas sonoras, e não de luz, gerando uma aparente subida de tom quando um carro se aproxima de um espectador, e uma queda de tom quando se distância (gerando o tão onomatopaico uuuuoommmmm). O motor não acelera nem desacelera e seu ruído é sempre o mesmo, e a aparente mudança de tom se deve à percepção de um instrumento em movimento.

Algo análogo sucede com as ondas de luz, sendo que agora o tom (a freqüência) corresponde à cor. Se a fonte está em movimento, mesmo quando emite constantemente na mesma freqüência, haverá um ligeiro deslocamento na cor percebida. Isto é o que finalmente medem os astrônomos, fazendo passar a luz

*. "Eppur se muove" em italiano; frase que Galileu Galilei teria murmurado diante do Tribunal da Inquisição em Roma, em 1633, firmando sua convicção de que a Terra gira em torno do Sol.

que a estrela emite por um prisma, de tal maneira que separe as distintas freqüências e observem como vão se deslocando devido ao bamboleio da estrela.

Assim, como as estrelas se movem pouco, suas velocidades são muito pequenas, da ordem de duas dezenas de metros por segundo. Marcy e Butler podem resolver velocidades de até três metros por segundo: a velocidade de um ciclista domingueiro no parque Rosedal. Os deslocamentos por efeito Doppler, observados por eles, são extremamente pequenos. A mudança na freqüência recebida é da ordem de uma parte em cinco milhões da freqüência emitida.

Devido ao método utilizado por eles, para localizar planetas, o efeito se faz mais notório quando os planetas são grandes e se encontram perto da estrela. Desta maneira, a força gravitacional exercida pelo planeta sobre a estrela é maior. Isto faz com que apenas possam localizar planetas de massa similar à de Júpiter, trezentas vezes maior que a da Terra. Além disso, esses planetas orbitam na proximidade de sua estrela, de modo que as temperaturas são muito altas, em alguns casos, próximas de 1.000 °C.

Dois são os interesses principais desse tipo de estudo. O primeiro é um projeto de interesse para os astrofísicos e astrônomos: saber quão comuns são e como se formam os planetas. O segundo é procurar algum lugar parecido com a Terra na esperança de poder encontrar algum indício de vida extraterrestre. Este último aspecto é o que mais comove a opinião pública. Porém as restrições do método experimental não permitem encontrar planetas com características similares ao nosso, quer dizer, de uma massa semelhante e a uma distância parecida de sua

estrela. Distintos métodos estão sendo propostos para resolver este problema: dois projetos em estudo e cujos nomes resumem o duplo interesse – Darwin, como representante máximo da evolução, e Kepler, como pai da astronomia moderna – constituem custosas missões espaciais e de tão alto desafio tecnológico que, ao que parece, não darão resultados antes de 2010.

Há não muito mais de cinco séculos pensava-se que a Terra era o centro do universo. Galileu, em seu livro de diálogos entre um discípulo de Ptolomeu e um de Copérnico, sintetiza a discussão da época. A execução de Giordano Bruno, em 1600, pela Inquisição, mostra, além do mais, o caráter do debate. O que mais preocupava a Igreja naquela época não era a proposição de modelos para se explicar observações, e sim que tais modelos fossem tomados como a verdade física. Galileu não só era ofensivo aos interesses da Igreja por seus experimentos, como por seu ofício de divulgador. Com o telescópio inventado por ele próprio provava a teoria copernicana; em particular, seu famoso achado dos satélites de Júpiter mostrava a existência de corpos que não giravam ao redor da Terra. E ele não poupava esforços em divulgá-los em um italiano que muitos podiam entender. O esforço de Galileu e de outros resulta hoje em um paradigma inconfundível.

Galileu deixou dois ensinamentos notáveis: o primeiro referido à natureza dos planetas e o segundo à importância de se conhecer de maneira despreconcebida, ao estabelecer uma ciência pós-galileana que, diferentemente da de Aristóteles, não aceitava os fatos "óbvios" da natureza como um ponto de partida. As órbitas galileanas causaram boa ruptura até que chegassem ao Vaticano como verdade física e, não obstante, a rebeldia profunda de pensar sem preconceitos não cessou de contagiar nem sequer os mais galileanos. Buscar planetas parecidos à Terra para estarmos mais convencidos de que não estamos sós parece algo narcisista.

Se houver vida em outros planetas, estes devem parecer-se à Terra e sua estrela ao nosso Sol. E se há vida, há de ser como a nossa, com a mesma bioquímica, com gravidades e temperaturas semelhantes. Sem dúvida, a constância de alguns elementos fica ainda mais acentuada pela permissão de certas modificações e, quem quer que ande por aí afora, seguramente não é nosso decalque. Será verde-turquesa, comerá vá saber que roedores e terá várias pernas e, quem sabe, quantas cabeças.

5.

HISTÓRIAS E REFLEXÕES
RELATOS DE ELEFANTES

Um a um os elefantes ocupam o seu lugar. Celebram um prêmio. Passaram-se muitos anos desde que abandonaram suas manadas e começaram a marchar para o norte, atravessando a galope os campos de trigo.
Esta noite voltaram a se encontrar, junto ao fogo, para recordar suas histórias.

ELEFANTES NOBRES

Segunda-feira, 9 de outubro de 2000, ao entrar no solene campus da universidade nova-iorquina de Rockefeller, ali onde a rua 66 morre no East River (Rio Leste), surpreendi-me ao ver um gigantesco ajuntamento de câmeras e repórteres. Está claro, era a semana da entrega dos prêmios Nobel e repetia-se a cena de 1999, quando os sabujos midiáticos vinham pedir as opiniões de um cientista cuja existência haviam ignorado até aquele mesmo dia.

A pergunta desta vez era quem havia ganhado o prêmio. No ano anterior, todos esperavam que o prêmio coubesse a Günther Blobel, o alemão grandalhão, de cabelos brancos, que passeava com seus magníficos cães pelos jardins e edifícios do campus. Mas este ano não havia nenhum candidato óbvio. Nem sequer MacKinnon, o jovem astro, famoso por ter descoberto, há muito tempo, a estrutura de certo tipo de canal celular, para quem o prêmio parecia um pouco prematuro (por certo, MacKinnon já teria tempo de ganhar seu prêmio Nobel, exatamente três anos depois).

O anúncio esvazia rapidamente a dúvida: o grande prêmio é para Paul Greengard, um neurobiólogo celular de 74 anos e diretor de um gigantesco laboratório. À procissão de jornalistas soma-se toda a comunidade local, que aplaude de pé; alguns com admiração, outros com inveja e outros saboreando antecipadamente os benefícios que lhes corresponderão por contágio. É que o Nobel, de maneira singular, desperta todo tipo de

emoções. Nenhum prêmio tem uma repercussão parecida nem dentro nem fora da comunidade científica.

E parece que essa é, na realidade, a notícia. Não que o doutor Fulano foi laureado por tal ou qual descobrimento anunciado formalmente com as mesmas três linhas (cheias de jargão e apenas explicadas) na manchete de todos os jornais do mundo. A notícia são as câmeras e os aplausos, e essas vagas três linhas. É que a vaidade e a obsessão pelo máximo reconhecimento, a semente do ego que é indefectivelmente o motor de cada homem de ciência, explode com o Nobel no momento em que um cientista se converte em Deus.

Talvez a comunidade necessite desse paraíso de vaidade, dar-lhe um nome a essa ilusão de transcendência. A estrutura do Nobel exagera fatos centrais no funcionamento da ciência e na maneira com que esta se relaciona com o resto da sociedade. O quanto importa ao diário *Clarin*, por exemplo, a transmissão sináptica? Se alguma vez tivesse sido correta a chamada "três cientistas que conseguiram desvendar os mecanismos secretos do cérebro", como sugeriu um dia o matutino em sua página de ciência, não mereceria ser notícia uma conquista de tal ordem, sem esperar o Nobel? Evidentemente, o fato não era certo então, nem o é agora. E teria sido tão adequado não ignorar então as modestas contribuições de Kandel, Carlsson e Greengard, como abster-se, tempos depois, de colocar cada um deles na altura de um deus só por terem recebido o grande prêmio. Mas seu discreto salto para a glória não é somente um reflexo da má divulgação.

Greengard, sem ser um desconhecido, já viveu o seu melhor momento e estava longe do centro de atenção. Vale a pena recordar alguns fatos que podem parecer estranhos à figura de um mito. Por exemplo, em que pese dirigir um imenso laboratório com muitos recursos, é pouco freqüente que um estudante da universidade escolhesse trabalhar com Greengard, preferindo em geral laboratórios "mais jovens". Cabe notar que três semanas antes do anúncio, a universidade na qual ele trabalhava publicou uma nota de promoção, celebrando o centenário da instituição na qual figuravam os grupos de pesquisa mais destacados, entre os quais Greengard não aparecia. Ou que o centro de Alzheimer que o neurobiólogo dirige seja financiado por Zachary Fisher, dono de um porta-aviões-museu, ancorado no porto de Nova York, o qual leva para passear os seus amigos do neofascismo italiano pelo laboratório de Greengard: este, um cientista progressista que deixou a física no período do pós-guerra precisamente por sua conexão com o desenvolvimento de armamentos, é financiado por setores reacionários que, desde logo, celebrarão também sua parte no prêmio.

Quando em 1999 perguntaram a Günther Blobel se esperava que lhe dessem o prêmio, respondeu com ironia que dez anos atrás estava seguro de que o ganharia; cinco anos depois, acreditava ser possível e, quando lhe outorgaram, já lhe parecia impossível. O filho de Greengard, um matemático, comentava que só em 1997 seu pai se havia convencido finalmente de que podia viver satisfeito sem o prêmio. Ao caráter conservador do prêmio e ao fato de os biólogos (ao contrário dos matemáticos) serem costumeiramente destaque por conquistas acumuladas mais do que por uma grande descoberta, faz com que raras vezes os laureados sejam jovens cientistas.

Não deixa de pairar no ambiente uma sensação confusa, agridoce e algo tristonha de que – mesmo no melhor dos casos – o prêmio chega demasiado tarde. Há certa estafa numa profissão em que quase todos mergulham na atividade pelo gosto da criação e da liberdade e terminam ficando aí pela cenoura, com gosto de ego, que pende à frente de suas testas. A mesma cenoura os faz levantar todos os dias e trabalhar um número absurdo de horas por salários miseráveis. É claro, ao longe se ouve um zumbindo, apenas um murmúrio e se vêem, nas sombras, um prêmio e muitas câmeras e repórteres procurando Deus!

AOS MURROS

Na Times Square, entre os luminosos do centro da Big Apple, rodeada de *Cats*, *O Fantasma da Ópera*, *Chicago* e outros célebres musicais, há alguns anos se representava *Copenhagen*, uma peça absolutamente atípica para o circuito da Broadway. Com uma produção quase inexistente e uma cenografia que consistia de três cadeiras, sem luzes e sem uma só canção, o diretor Michael Frayn reproduzia uma das reuniões mais famosas e misteriosas da física moderna: o encontro, em 1941, na Dinamarca ocupada durante a Segunda Guerra Mundial, entre o alemão Werner Heisenberg e o dinamarquês Niels Bohr. Nesse encontro, dois dos nomes referenciais do grupo de físicos que havia gestado a mecânica quântica na década de 1920 reviam-se após muitos anos. O motivo da reunião continua sendo um mistério e os participantes nunca reconstruíram o sucedido. Detrás do silêncio vislumbra-se uma história de lealdades, orgulhos científicos e nacionais, mestres e discípulos, átomos e núcleos, bombas, nazistas e aliados.

Bohr foi o grande mestre, o pai da mecânica quântica. Heisenberg, o aluno exemplar. Matemático rigoroso e carismático, era o único insolente que se atrevia a corrigir Bohr. Essa insolência e sua inusitada capacidade, que enchiam o mestre de orgulho, converteram-no no professor mais jovem da Alemanha.

Além de físico eminente Bohr era, segundo juízo unânime, uma pessoa exemplar. Homem pausado e tranqüilo, irônico,

atravessado por inquietudes existenciais: um filósofo fazendo ciência. Heisenberg, em troca, era um tipo marcadamente pragmático: a matemática importava a ele por seus resultados tangíveis e não pela concepção do universo que dela surge (insistia sempre com "o perceptível").

Heisenberg e Bohr, juntos e separados, construíram a grande física que revolucionou o pensamento e que, em princípios daquela década sombria, quando se reuniram em Copenhagen, sugeria que a estrutura dos núcleos podia ser utilizada para construir uma bomba distinta, capaz de determinar de um só golpe o resultado da guerra. Nesse contexto é que Heisenberg, físico do nazismo, visita Bohr, um dinamarquês de origem judaica e o único físico dos países ocupados que, dada a sua posição política e seu enorme prestígio científico, podia conhecer o estado da ciência nos países aliados e nos Estados Unidos, que nesse momento não participavam ainda da guerra.

Em que pesem as controvérsias ao redor do episódio, ninguém duvida de que o encontro ocorreu. Ambos saíram da casa de Bohr para escapar dos microfones ocultos. O breve passeio resultou desastroso e terminou, aparentemente, numa encarniçada e violenta discussão.

O esquema clássico – Bohr é bom e Heisenberg é mau – não está tão claro como seria desejável. Numa das versões da história, Heisenberg procura fazer Bohr entender que eles, e somente eles, seriam os responsáveis por construir a bomba. Quando os presidentes e políticos quiseram saber se valia a pena investir dinheiro e esforço no desenvolvimento de uma bomba nuclear, os que dariam a resposta seriam Bohr, Heisenberg, Fermi e Einstein; quer dizer, os grandes físicos do momento. Neste ponto a história propõe duas grandes perguntas: a primeira é se a bomba era factível ou não. A segunda pretende refletir sobre o que cientistas como eles deviam fazer a respeito caso ela fosse factível.

No foro íntimo de cada um desses homens de ciência debatem-se o humanismo e o nacionalismo, ainda que a distinção pareça menos clara no caso dos que trabalharam para os aliados (todos menos Heisenberg). Na história também sobrevoa o espírito de paridade presente na intenção de alguns físicos de repartir as forças equilibradamente, com o intuito de evitar assim um desastre maior.

Finalmente, a bomba foi feita pelos aliados – mais precisamente pelos Estados Unidos – e não pelos nazistas. A visada de Frayn, naquela obra da Broadway sobre este apaixonante encontro, deixava uma interrogação: em que medida foi responsabilidade de Heisenberg o fato de os nazistas não chegarem a fabricá-la?

Os ingredientes fundamentais referem-se à principal dificuldade apresentada na fabricação da bomba. Contar com uma quantidade suficiente de urânio radioativo. O governo nazista não soube de duas coisas: uma, seus cientistas nunca souberam que o plutônio também podia ser uma fonte de combustível eficaz; outra, tampouco imaginaram que era necessário uma quantidade de urânio muito inferior à que eles (e quase todo mundo) pensavam. Em apenas um caso pode tratar-se de uma omissão explícita de Heisenberg; em outro, de um cálculo que o grande físico nunca fez. Por que Heisenberg, que atacava todas

as intuições com fatos, não calculou rigorosamente a quantidade de urânio requerida? As perguntas permanecem sem respostas, porém certos indícios poderiam sugerir que a omissão e o erro responderam a um mesmo princípio: Heisenberg trabalhou ativamente para que os alemães não obtivessem a bomba.

A obra de Frayn refletia com acerto sobre a vida de dois grandes cientistas em um momento crítico para a ciência e a história, porém falhava num ponto importante. Heisenberg é famoso devido ao princípio da incerteza, segundo o qual não se pode conhecer a posição e a velocidade de uma partícula com absoluta certeza. O físico mais pragmático concebeu esta hipótese da qual se abusou no domínio geral das idéias e do conhecimento. A incerta história do encontro, a incerta determinação de Heisenberg em relação à sua pátria e aos nazistas, o incerto vínculo entre os dois colegas foram narrados ali como um exemplo a mais desse princípio: os homens, como as partículas e as ondas, seriam duais, amigos e inimigos, cientistas e políticos. Tratava-se de uma má metáfora, um abuso desnecessário e, em todo caso, um mau costume. O mais transcendente e o melhor da obra é mostrar um momento absolutamente singular na história no qual uns poucos físicos tiveram em suas mãos, e na consciência, o destino do mundo. Numa das melhores passagens, Bohr passa em revista os grandes físicos de então e diz que Einstein foi o único capaz de fazê-lo mudar de idéia. E acrescenta: "Eu sou o Papa; mas Einstein, Einstein é Deus".

PASSO DE ELEFANTE

"Um passo pequeno para um homem, um grande salto para a humanidade". Em 21 de julho de 1969, Neil Armstrong se converte no primeiro homem a ter pisado na Lua. Talvez aí poderia ter terminado o século ou o milênio. Era, sem dúvida, a culminação de uma época. O progresso estava aí. A ciência e a tecnologia por uma vez, sem nenhum desastre intercorrente, mostrava o domínio do homem sobre a natureza e até onde era possível encurtar distâncias ou romper barreiras. Porém, não bastava a evidência, os que haviam nascido antes dos automóveis, os que vinham de outro século, os que eram então os avôs e avós, não acreditavam na caixa de madeira que lhes mostrava aquele homem caminhando na Lua. Ele estava tão longe, eles tinham passado por tantas coisas, que não havia espaço para semelhante filme; nem sequer na imaginação. Os que nasciam e cresciam com esta cena prognosticaram uma rápida conquista do espaço. Cidades, granjas, sonhos e balneários distribuídos nas galáxias. Tantas coisas haviam acontecido nos anos de 1960. A Terra parecia explodir de ruídos e de idéias e a conquista da Lua parecia dar um pouco de ar para viver e imaginar.

Hoje o mundo não se divide em dois; os primeiros a chegar à Lua se esqueceram do espaço e se dedicam a governar o mundo, os aviões não voam mais alto, os carros não andam muito mais depressa e ninguém pôs os pés no vizinho Marte. As revoluções tecnológicas já não se dirigem mais para a imensidão do espaço, porém elas estão dando lugar para transitores e moléculas menores, e muitos acreditam que o pouso na Lua foi, na realidade, um filme e as avós céticas foram as únicas a não ser enganadas. É muito difícil comparar o progresso, determinar o quanto de vantagem nossas vidas tiraram de nossa imaginação. Também é fácil a queixa e o consolo no passado, porém mais de trinta anos depois, quando as avós de hoje são as que eram as mães de então, caberia perguntar: fez a ciência algo em que elas não acreditam?

NOITE DE ILUSÕES

Kaspar Hauser foi abandonado em Nuremberg, com uma carta na mão. Depois de ter vivido durante vinte anos encerrado numa adega voltaram a encerrá-lo, desta vez em uma torre. O menino adulto da película de Herzog, depois de aprender a falar e já adotado por um filantropo, vê, pela primeira vez, a torre de fora. Quando seu tutor lhe diz que esse era o lugar onde vivera encerrado, Kaspar Hauser sente pena da ignorância de seu tutor e lhe explica porquê isso é impossível: quando ele mesmo estava dentro da torre, olhava para a frente e via a cela. Quando se virava, olhava para o outro lado, e também via a cela. Em troca, agora, ao olhar para a frente, ele vê a torre, porém, ao virar-se vê o jardim e não a torre. Logo, a cela não pode estar dentro da torre. A cena é maravilhosa e a gente não pode mais pensar como Kaspar Hauser veria a torre, a cela e seus respectivos tamanhos.

Nós supomos não nos suceder o mesmo que se sucedeu a Kaspar, cremos impossível que nossa lógica perfeita nos leve a interpretações totalmente equivocadas das percepções mais imediatas. Mas não é assim. Um dos exemplos mais elegantes (e mais antigos) dos buracos de nosso raciocínio é aquele conhecido como a ilusão da Lua. Alguém que tenha visto a Lua nascendo no horizonte saberá que ela parece enorme, muito maior do que quando a vimos com o avançar da noite no alto do céu. O fato é tão claro e óbvio que chegamos a supor estar a Lua mais próxima num caso do que no outro. Claro que isto não é como julgamos: desde há muito tempo sabe-se que ela sempre está à mesma distância.

Outra explicação possível – e também equivocada – é que a atmosfera poderia atuar como uma lente de aumento, engrandecendo o círculo de luz da Lua quando a vemos no horizonte; porém, basta tapá-la com um dedo, fechando um dos olhos, para a gente se dar conta de que o tamanho também é o mesmo. Mais ainda, quando alguém o faz, a grande Lua do horizonte se apequena e parece tão pequena como a do céu alto. Diante da evidência é preciso render-se. Trata-se de uma ilusão, mais uma a corroborar o fato de que algo falhou na lógica de nosso conhecimento.

Esta lógica funciona em geral muito bem. Uma pessoa não parece mudar de tamanho à medida que se aproxima ou se afasta. Na verdade, usamos essa constância de tamanho para formar uma idéia da distância à qual ela se encontra. Da mesma maneira podemos comparar o tamanho de distintos objetos ainda que se encontrem a distâncias diferentes. Mas, como vimos anteriormente, calcular tamanhos e distâncias não é um problema simples. Em particular, assumir um marco de referência ou pistas globais da cena visual acaba sendo fundamental.

Entender a ilusão da Lua implica traçar a cadeia lógica que se estabelece a fim de fixar um tamanho para a Lua do horizonte e outro para a Lua do zênite, e ver onde se cometeu o erro. Há muito circulam várias soluções para o problema. Algumas, mais mecanicistas, sustentam que a posição dos olhos faz com que o tamanho aparente da Lua mude. Outras teorias sustentam

que cada um de nós adivinha quão longe está a Lua e que, como esta distância parece ser diferente no horizonte e no zênite, terminamos por percebê-la com distintos tamanhos.

Em princípios do ano 2000, uma capa da PNAS, a revista da Academia de Ciências dos Estados Unidos, afirmava que finalmente se havia entendido a ilusão da Lua. A informação foi recolhida por jornais e agências de notícias de todo o mundo. O entusiasmo vai desaparecendo na medida em que se lê o artigo (escrito pelos Kaufman, uma dupla, pai-filho, na qual o pai trabalha há décadas neste problema). Em parte porque está pessimamente escrito, todavia também porque, na realidade, a controvérsia não fica resolvida de maneira definitiva, mas simplesmente se lhe agregam mais dados.

É interessante consultar o site de Don McCready (facstaff.uww.edu/mccreadd), um psicólogo obcecado pelo tema. Lá podemos encontrar uma extensa, porém acessível, interpretação do fenômeno completamente oposta à dos Kaufman. McCready esclarece em sua página o seguinte: "Em 4 de janeiro de 2000, muitos jornais e revistas anunciaram uma nova teoria da ilusão da Lua por Kaufman. No entanto, esta não só não é nova, mas, além disso, não explica a ilusão".

Mitchell Feigenbaum, um desses matemáticos que produzem uma grande idéia de tempos em tempos, tem sua própria teoria, que é tão elegante como improvável. Sustenta que a atmosfera não modifica o tamanho da Lua do horizonte, mas sim sua excentricidade, convertendo-a numa elipse. Como sabemos que o satélite é circular, transformamos a elipse em um círculo e, nesse processo, o tamanho aumenta, resultando daí a famosa ilusão.

O problema é complexo, ainda que pareça sumamente elementar. Existem numerosos fatos cognitivos, culturais e relacionados com a própria mecânica do sistema perceptivo se mesclando na discussão. As pequeninas pessoas de dois centímetros em uma tela de televisão não parecem anãs, nem as enormes figuras da tela de cinema parecem gigantes. Nos anos de 1990, no quadro da mostra *Sensation*, foram exibidas, em Nova York, as polêmicas esculturas do artista plástico australiano Ron Mueck. Todas elas pareciam reais, salvo por um detalhe que as tornavam inquietantes: o tamanho. A sensação que produziam tinha algo de monstruoso: rostos demasiado grandes e mortos demasiado pequenos incomodam. Há algo que nos inquieta, mas não sabemos o que é. Uma das explicações é que nós nos familiarizamos a ver algumas coisas de uma determinada maneira; isto nos é mais cômodo e até agradável. Por exemplo, nós nos acostumamos com o fato de a Lua ser maior no horizonte do que no zênite.

Fica pendente uma pergunta necessária: sem sabê-lo, a quantas ilusões nós nos acostumamos?

SUBINDO O NILO

Talvez sejam poucas as histórias eternas. A contemplação do céu noturno, do enigma infinito das estrelas é uma delas. Como em todas as histórias, entre seus muitos protagonistas, alguns povos, alguns indivíduos, são lembrados como heróis. Tycho Brahe, Galileu Galilei, Johannes Kepler, e o pai de todos eles, Nicolau Copérnico, são os heróis da astronomia moderna: os que acreditaram ver, a partir de seu centro, um céu estático; os que um dia tremeram diante de um céu cujas estrelas explodiam e desapareciam, os que vigiavam satélites que se moviam ao redor de outros planetas, que, por sua vez, se moviam ao redor de um Sol em torno do qual também girava a Terra. Desses heróis, Brahe talvez tenha sido o mais técnico, mas também o mais tíbio. Finíssimo observador, rigoroso e detalhista, conseguiu, no século XVI, medições até então consideradas impossíveis. Kepler – que foi empregado por Brahe – e Galileu atreveram-se a dar crédito aos seus dados e os melhoraram ainda mais, aplicando o mesmo rigor potenciado pela tecnologia do telescópio, para demonstrar que a Terra gira, como o resto dos planetas, em elipses ao redor do Sol e que, portanto, ela não é o centro do universo.

O céu e as estrelas serviram também de bússolas naturais para a humanidade muito antes da criação desse instrumento. Hoje é bastante fácil determinar o norte (no norte de nosso planeta), porque a estrela polar (Polaris) se encontra muito próxima do norte celeste, extensão de um eixo imaginário que cruza a Terra de norte a sul. No hemisfério sul tampouco é difícil: basta mover os braços do Cruzeiro do Sul. Mirando as estrelas, Brahe era capaz de situar o norte com uma exatidão impossível com técnicas não astronômicas, por exemplo, buscando a linha média entre as direções onde nasce e onde se põe o Sol. Esta história é bem conhecida e suficientemente recente para que possamos nos considerar herdeiros diretos de suas conquistas: hoje olhamos o céu como Galileu o olhava há três séculos passados.

Nossos heróis modernos, porém, não parecem ter sido os primeiros a realizar semelhantes façanhas. Bem mais atrás na história há um fato surpreendente que até agora carece de explicação. As pirâmides de Giza, no Egito, foram construídas de tal maneira que se acham alinhadas com o norte, com uma precisão próxima àquela que, quatro mil anos mais tarde, conseguiu o astrônomo dinamarquês. Ninguém descobriu ainda uma resposta cientificamente satisfatória para explicar como faziam os egípcios para determinar o norte.

Sucede que, na época da construção das pirâmides, o eixo da Terra não estava na mesma posição, visto que o nosso planeta gira como um pião e seu eixo dá uma volta completa a cada 26 mil anos. Kate Spencer, uma egiptóloga – que delícia de profissão – da Universidade de Cambridge, postula hoje uma tese que é, pelo menos, elegante. Spencer dedicou-se a observar o céu tal como o viam os faraós egípcios a partir de Giza, quarenta e cinco séculos atrás. Ela encontrou duas estrelas que giram ao redor do norte, suficientemente luminosas para serem vistas a olho nu. A linha imaginária que une essas duas estrelas, indica

a direção norte. Além disso, calculando a variação do eixo da Terra, pode-se estimar quão errada tem sido a medição com a passagem dos anos.

A linha que une as duas estrelas cruzou o norte no ano 2467 a.C. Se os egípcios tivessem calculado o norte mediante este método, o erro sistemático de sua medição aumentaria com o tempo. Ano após ano o eixo se afasta do norte e, portanto, a medição se torna mais inexata. Ocorreu a Spencer, então, buscar uma estrutura no "ruído": apesar de termos todas as pirâmides "quase" alinhadas com o norte, ninguém havia comprovado até agora se esse "quase" seguia algum padrão determinado. E a egiptóloga verificou que – tal como predizia sua teoria – o norte egípcio – medido por suas pirâmides – desviava-se uniformemente com a passagem do tempo, de acordo com o desvio da linha imaginária que liga as duas estrelas.

O prêmio é duplo: não só dá pontos à teoria de Spencer, mas permite, além disso, utilizar o método para fixar com mais precisão a data em que as pirâmides foram erigidas, normalmente estabelecida com erros da ordem de cem anos. Também indica que os egípcios não possuíam uma medida padrão do norte, e sim repetiam o cálculo cada vez que iam construir uma pirâmide. Segundo Spencer um ritual de determinação do norte precedia a construção de cada pirâmide.

Alguns textos egípcios parecem fazer referência às constelações nas quais se encontram essas duas estrelas, e falam de "duas garças perseguindo-se" ao redor do pólo: provavelmente Kochab e Mizar, as duas estrelas que assinalavam o norte. Mas é possível que, escondido entre os tesouros arqueológicos dos egípcios, haja um ícone para cada idéia que possa ocorrer a alguém. No final das contas, o hábito de buscar casualidades para convencer-se daquilo que se quer crer é também história antiga, prima-irmã desses desenhos infinitamente variados que se podem fazer, e sempre foram feitos, unindo os inefáveis pontos brilhantes que cravejam o céu.

O REI DA SELVA

Há muitos anos, quando eu era menino e vivia com minha família em Barcelona, nos avisaram que as infantas, as filhas do rei, visitariam o colégio. Fomos advertidos, de modo especial, que devíamos tratá-las como se fossem pessoas e não princesas. É claro que nada de parecido aconteceu, e no dia em que chegaram as irmãs, todos nós nos empurramos para poder ver de perto, pela primeira e talvez única vez, um membro da família real. A visceral fascinação pela realeza fica clara no espaço que ocupam seus integrantes nas revistas de fofocas e também no próprio fato de continuar existindo reis. Mais notável é que, como ocorre na Espanha, eles sejam considerados como importantes pilares da democracia. Juan Carlos de Bourbon é, mais de duzentos anos depois da Revolução Francesa, um rei democrático e progressista. E, ainda que estes exemplos sejam apenas uns poucos e que a maioria das grandes dinastias já tenha passado para a história, e seus restos se encontrem em museus ou escondidos debaixo da Terra, em princípios do ano 2000, dois grandes monarcas reapareceram na cena: Luiz XVI, último rei da França, e Felipe II, rei da Macedônia e pai de Alexandre Magno. Com eles se desenterraram histórias de pais, irmãos, assassinatos, guerras e revoluções.

Em Vergina, Grécia, onde o arqueólogo Andrônico achara, em 1977, uma tumba real, reaviva-se a discussão sobre quem são seus ocupantes. A tumba está dividida em duas câmaras. Na primeira, dentro de um cofre de mármore com a estrela da

Macedônia, encontra-se o esqueleto de um homem cremado conforme as técnicas usadas na época; na segunda, jazem os restos de uma mulher. A tumba continha ademais uma impressionante quantidade de jóias e objetos de valor junto a duas cabeças de marfim: uma de Felipe II e outra de Alexandre Magno. O mesmo Andrônico compreendeu que a parte mais difícil e importante da história consistiria em identificar os esqueletos e ali começou uma gesta ainda hoje inconclusa.

A partir do estudo das jóias e riquezas, o arqueólogo estabeleceu para a tumba a data aproximada de 336 a.C., ano em que o rei Felipe II morreu. Mas outros elementos encontrados apontavam para o ano de 317 a.C., data da morte de Arrhidaeus ou Felipe III, filho do anterior e meio-irmão de Alexandre Magno. Finalmente, uma lesão observada no olho direito do crânio terminou por confirmar, naquele momento, que o proprietário da caveira era o pai. Felipe II foi um grande guerreiro e seu corpo estava cheio de feridas. Arrhidaeus, pelo contrário, um pacifista que nunca esteve em combate, morreu com seus ossos intactos, assassinado por Olímpia, sua madrasta.

A história, no entanto, não é tão simples. A imagem que as mídias venderam – a de um crânio em perfeito estado com uma significativa lesão no globo ocular – era totalmente errônea e, em conseqüência, o mistério da tumba ainda não havia sido desvelado. Mais tarde, um novo estudo de calosidades e cicatrizes realizado no mesmo museu de Vergina indicou que as más formações no olho se deviam ao processo de cremação e a uma má reconstrução do crânio, e não a uma espada que o tivesse atravessado há vários séculos, dezesseis anos antes da morte do rei.

Para completar, Antonis Bartsiokas, protagonista deste novo (e talvez último) capítulo na reconstrução da história da tumba, fez uso de outro fato conhecido no qual ninguém havia até então reparado. Arrhidaeus não foi cremado imediatamente após seu assassinato, mas sim enterrado pela própria Olímpia. Seis meses depois, para estabelecer sua própria legitimidade e honrar o último rei dos argeus, Cassandro (marido de Tessalônica, a outra filha de Felipe II) o exumou, o cremou e voltou a enterrá-lo, não sem antes assassinar Olímpia. Quer dizer que Felipe II foi cremado logo depois que morreu e seu filho bem depois. A antropologia forense permite diferenciar essas duas situações: pois ao cremar um cadáver úmido os ossos grandes preservam seu tamanho e forma, adquirem uma cor marrom e não apresentam fraturas transversais; na cremação de um corpo seco, os ossos mudam de forma, são mais azulados e tendem a fraturar-se. Da mesma maneira que a madeira úmida pode ser identificada por estar empenada, os ossos, uma vez cremados, conservam um rastro de sua umidade no momento da cremação. Os ossos do crânio da tumba de Vergina indicavam que foram cremados secos, o que parece dar novamente uma volta no "credo" histórico, indicando que os ocupantes da tumba não eram Felipe II e sua mulher Cleópatra. Na tumba de Vergina estaria enterrado Felipe III.

Da Macedônia à França, do século IV a.C. ao século XVIII e até os nossos dias, e dos argeus aos bourbons. Luís XVII, filho de Luís XVI, o último rei da França, e de Maria Antonieta, morreu supostamente de tuberculose aos oito anos na prisão parisiense do Temple, em 1795. O menino era o único filho e herdeiro da coroa e, com sua morte, também terminaram a dinastia, a ilusão de muitos nobres e os sonhos de continuidade da família real francesa. Naquele momento, entre alguns achegados à coroa, circulou a hipótese que sustentava que o menino morto não era Luís XVII; asseguravam eles que o filho do último rei da França havia escapado e dado continuidade, de maneira clandestina, aos herdeiros diretos de Luís XVI. A história se torna mais apaixonante porque só existe uma coisa ainda melhor que um rei democrático: um rei clandestino.

O certo é que uma análise comparativa do DNA obtido do coração do menino em questão – que foi resgatado por monarquistas fiéis e conservado em álcool até os nossos dias na basílica de Saint Denis, ao norte de Paris –, de uma mecha de cabelo que Maria Antonieta dera à sua mãe antes de ser decapitada e de dois descendentes atuais dos Habsburgos, conseguiram confirmar que o garoto tuberculoso, morto há mais de dois séculos era efetivamente Luís XVII, o herdeiro do rei. Nesse caso, a fórmula da continuidade real ("O rei morreu. Viva o rei") é difícil de ser aplicada: o rei morreu realmente, como rei e como pessoa.

ALFINETES DE MARFIM

Dizem que pouco antes de morrer, Marco Polo confessou: "Não falei da metade do que vi, porque ninguém teria acreditado em mim". O viajante, depois de haver atravessado as terras do Irã, Sumatra, Tabriz, as costas do Mar Negro e Constantinopla, voltou à Itália trazendo consigo os segredos do Oriente. Talvez as coisas não tenham mudado tanto. O impacto que sempre exerceu a cultura oriental no Ocidente é um fato inegável, assim como também o é a enorme distância que continua separando os dois hemisférios. Ainda hoje – dirão os que submergem na cultura oriental – contamos somente a metade, porque quanto ao resto nunca nos dariam crédito. Ainda hoje a medicina chinesa é conhecida como medicina alternativa e vive nas sombras daquilo em que se crê, *mas não muito*. No fim das contas, se a medicina ocidental está alicerçada em um método padronizado e quantitativo de medições, a medicina oriental sustenta suas bases nos milênios de prática e aplicação que ostenta.

Nos últimos anos, essa história se mesclou um pouco, particularmente no terreno da acupuntura. E, ainda que os europeus tenham seu orgulho e tentem demonstrar que eles haviam descoberto a acupuntura muito antes do que os próprios chineses e também muito antes que Marco Polo, ocidentais e orientais pareciam chegar a um acordo, ao menos, para tratar de conciliar os métodos. A este cenário, os norte-americanos, cuja história começou demasiado tarde, incorporam-se proporcionando a tecnologia.

A primeira conferência de acupuntura auspiciada pelo Instituto Nacional da Saúde dos EUA (NIH conforme suas iniciais em inglês) realizou-se em 1997, e um dos palestrantes, David Ramsay, o presidente da Universidade de Maryland, indicou que os dados estabelecedores da eficiência da acupuntura eram tão robustos como os de muitas das terapias médicas ocidentais. Segundo Ramsay, o desafio para os próximos anos era integrar a medicina chinesa às vias bioquímicas tradicionais da medicina ocidental. Ou, o que era o mesmo, não falar de fluxos de energia, ou *Qi* como conseqüências das picadas nos distintos pontos de acupuntura, senão de produção de "compostos" químicos como a endorfina, a benzodiazepina ou a serotonina.

Um dos esforços para integrar a medicina oriental e ocidental evidencia-se em um artigo publicado na prestigiosa revista da Academia de Ciências dos EUA, PNAS. Os autores do trabalho refletem o primeiro passo dessa integração. Eles são: Cho, Chung, Lee, Wong, Min, Jones, Park e Park, distribuídos entre as universidades da Califórnia em Irvine, e diferentes universidades da Coréia.

O objetivo da investigação era verificar se as picadas com agulhas produziam atividade no cérebro somente quando se estimulavam os pontos de acupuntura e, ademais, se em tal caso se ativavam apenas aquelas regiões relacionadas com o potencial terapêutico do ponto em questão. Em particular, os autores estimularam uma cadeia de pontos conhecidos na literatura de acupuntura como BL60-BL67 ou VA1-VA8.

Esses pontos situam-se no pé direito e tradicionalmente julga-se que estejam vinculados a anomalias visuais. Em seu estudo, os autores comprovam que a estimulação nesses pontos produz ativação do córtex visual e também corroboram que nenhum tipo de atividade ocorre nesta zona do córtex quando a picada se aplica somente a alguns centímetros do ponto indicado. Constatam também um fato chamativo: ainda que a estimulação em pontos de acupuntura module a atividade no córtex visual, em alguns indivíduos a atividade sobe e em outros diminui. Esta diferença está assinalada na medicina oriental e corresponde, segundos os diferentes indivíduos, aos dois tipos de reação: o *yin*, isto é, reagir positivamente ao estímulo, e o *yang*, fazê-lo de forma contrária.

Lamentavelmente, os autores não investigaram um fato importante: se a única diferença entre estimular os pontos de acupuntura ou qualquer outro ponto se dá no córtex visual, ou se este estímulo se manifesta também em outras regiões do cérebro.

Poucos meses depois desse trabalho aparecer, um segundo estudo similar foi publicado na revista *Radiology*. O protocolo era muito parecido, exceto pelo fato de que, desta vez, media-se a atividade em todo o cérebro e estimulava-se somente o ponto de acupuntura ST.36, que modifica, entre outras coisas, a temperatura e o ritmo cardíaco, além de participar nas vias da dor. Neste caso, o esperado era que se ativassem regiões subcorticais, controladoras desses processos, e foi isso precisamente o que mostraram os resultados expostos no trabalho apresentado pela *Radiology*.

Assim, com esses pequenos porém seguros passos, é como a medicina tradicional chinesa vai se instalando nas formas ocidentais. Os europeus, no entanto, que se de algo se orgulham é de sua longa história, não podiam permanecer em silêncio, e recorreram ao seu homem de gelo. O "Homem de Gelo do Tirol" é a múmia mais antiga, e foi encontrada em 1991, no interior de uma geleira entre a Itália e a Áustria, na qual se havia preservado em perfeito estado, congelada, durante cinco mil e duzentos anos. Antes de instalá-la finalmente no museu de Bolzano, Itália, a múmia foi objeto de numerosos estudos. Uma das peculiaridades encontradas então foi a presença de tatuagens em distintos lugares do corpo. Em uma carta publicada na revista *Science* há alguns anos, investigadores austríacos, alemães e italianos sugerem que as tatuagens não são nenhum tipo de adorno, entre outras coisas porque estão em lugares não visíveis do corpo, e porque, além disso, aparecem distribuídas, com surpreendente precisão, em pontos de acupuntura. Mais ainda, estudos do homem de gelo indicam que este sofria de artrose lombar, enfermidade hoje tratada com acupuntura, aplicada nos mesmos pontos que o homem de gelo apresentava tatuados. A conclusão da carta mostra que a utilização terapêutica da acupuntura começa muito antes da tradição médica chinesa (cerca de mil anos antes de Cristo), e que suas origens estariam na Eurásia e não na Ásia Oriental. Será preciso buscar na história, antes e depois de Marco Polo, e até os nossos dias, quanto do conhecimento adquirido por meio de outras culturas passou as fronteiras da descrença, envergou as formas ocidentais e, pouco depois, tornou-se coisa do Ocidente.

ACORDO CHINÊS

No imaginário dos estereótipos, os japoneses são pacientes; os alemães, estritos; e os chineses são muitos. Se é chinês é por milhares e por milhões e por bilhões. Conta a lenda que se todos os chineses saltassem ao mesmo tempo o mundo tremeria. Mas este é um experimento nunca consumado por ser inútil e, fundamentalmente, por ser complicado – na ausência de Mao – convencer todos os chineses de que façam algo ao mesmo tempo. Porém a anedota do efeito das multidões não deixa de ser correta e, assim como o diabo deve sua sabedoria aos seus muitos anos, sucede amiúde que um fenômeno decorre da multidão de seus integrantes e não de seus traços individuais. A estes casos se dá o nome de fenômenos de massa ou fenômenos coletivos ou propriedades emergentes de sistemas extensos, segundo o jargão de quem pratica o discurso.

Em um experimento atípico, que confunde a ciência com a agricultura, a ecologia com a genética e a sociologia com o laboratório, uma longa lista de investigadores e agricultores da província de Yunnan, na China, mostrou que a investigação científica é muito mais divertida quando se esquece das fronteiras e dá uma dupla surra de pau no crescente mito do clone invencível. Os chineses realizaram um experimento que, na realidade, tem poucas idéias novas, se é que tem alguma, e decidiram levar ao campo uma idéia fora de moda e desprestigiada pela obsessiva e reducionista busca da perfeição: propuseram que a mescla é melhor que o puro.

A proposta, levada ao âmbito da agricultura, equivale a substituir as monoculturas por diferentes plantações em um mesmo campo. A bagagem teórica, a idéia motivadora do experimento, é que se um parasita pode arrasar uma espécie, terá mais dificuldades para espalhar-se em uma população mista, porque terá de ir saltando entre ilhas de rivais de distinta dificuldade. Para ser colocado à prova, o argumento necessita do tamanho adequado; seu possível efeito não seria observado nos vasos de um laboratório. O homem de ciência a cargo do projeto, Youyong Zhu, para levar adiante seu experimento, precisou superar obstáculos longe de serem os que tradicionalmente enfrentam um cientista. Não teve de resolver equações complicadas, nem sintetizar moléculas difíceis, nem alinhar um *laser* com um espelho. Seu desafio foi ter de convencer os granjeiros de quinze povoados da província de Yunnan a voltarem um século atrás, e misturar, durante dois anos, e em quatro mil hectares, duas variantes de arroz: o glutinoso, ou pegajoso, e o não glutinoso, ou híbrido. O arroz pegajoso é apreciado e caro, porém vítima fácil das pragas e raramente plantado em Yunnan porque o frio e a umidade o convertem em paraíso para os parasitas do arroz. O híbrido é muito mais resistente e menos valioso. Os granjeiros de Yunnan tomaram parte deste experimento coletivo e plantaram grandes extensões de campos mistos. A tentativa foi tão exitosa que, depois de dois anos, os campos mistos não precisavam de nenhum tipo de tratamento com fungicidas, algo impensável para os "velhos" monocultores.

Experimentos parecidos, ainda que em menor escala, produziram iguais resultados ao mesclar outros grãos e, em conjunto, as experiências sugerem que utilizar culturas mistas como um sistema ecológico de controle da enfermidade pode ser uma idéia geral sobre a qual será preciso investigar mais até encontrar combinações bem-sucedidas. Não se trata, porém, de oscilar cegamente na história da agricultura, mas de descobrir uma síntese adequada. A revolução verde (como quase todas as outras revoluções) não foi em vão. A terra dá mais grãos por hectare do que antes. Os fertilizantes, os fungicidas, as regas e o controle da semente multiplicaram a produção agrícola, ainda que não por um número suficientemente grande para que o mundo não passe fome, ou para que os produtores de alimentos possam viver da sua produção (porque o preço dos alimentos foi dividido por um número maior do que aquele que multiplicou a produtividade).

A moral deste conto chinês sugere que convém não purificar e clonar idéias e, menos ainda, se esta é a mesmíssima idéia da clonagem, não buscar múltiplas cópias de um organismo idêntico. Ainda que não seja formada por clones genéticos formais, a sociedade de consumo converteu-se em um clone obcecado pela clonagem e por seu poder infinito. Os "x-men"* do trigo, os mutantes perfeitos e seu exército de clones são um fantasma imaginário, uma idéia equivocada. Disto deveríamos ter-nos convencido, uma vez que uns tantos milhares de chineses se decidiram por plantar o mesmo ao mesmo tempo.

*. Nome dado ao grupo de heróis mutantes, na história em quadrinhos homônima criada em 1963 por Stan Lee e Jack Kirby e publicada pela Marvel Comics.

OS MOSQUITOS HAMMETT

No conto "Um Trovão na Obscuridade" de Ray Bradbury é oferecida a possibilidade de se viajar ao passado e de que os turistas se divirtam matando dinossauros. As regras são claras: só se pode matar aqueles que já estavam a ponto de morrer; e aqui não há razões morais em jogo, mas um precavido temor de mudar a história. Num acidente, um dos turistas mata uma mariposa que não era para ser morta. Quando volta de sua excursão ao passado, nota que as pessoas se tornaram mais agressivas e o candidato fascista ganha uma eleição que os democratas deviam ter ganho. O efeito mariposa sintetiza duas idéias dominantes nos dias de hoje e que convergem numa só: pequenas alterações no meio ambiente podem produzir mudanças imensas e o resultado dessas mudanças será infeliz.

O mosquito, além de não possuir a elegância da mariposa, é o vetor pelo qual se propaga a malária, a doença parasitária mais importante e devastadora do trópico. Um dos projetos mais ambiciosos no intento de deter a malária envolve um brutal assalto à ecologia do inseto: essencialmente, a idéia é substituir o mosquito por uma nova versão mutante que não propague o parasita gerador da enfermidade. Este projeto dá prosseguimento a uma grande série de tentativas para controlar a doença com drogas ou inseticidas, que terminaram fracassando fundamentalmente pelo desenvolvimento de novas cepas de mosquito resistentes às drogas.

Os números da malária, fornecidos pela Organização Mundial de Saúde, falam por si sós. Trata-se de um severo problema de saúde em mais de noventa países habitados por dois bilhões e quatrocentos milhões de pessoas, cerca de 40% da população mundial. Calcula-se existir entre trezentos e quinhentos milhões de casos por ano e que ao menos um milhão – principalmente crianças da África e habitantes de áreas rurais – irá morrer como conseqüência da moléstia. Isto é, uma a cada trinta segundos.

A malária, que nos últimos cinqüenta anos se concentrou no continente africano, voltou a crescer por diferentes causas: a adaptação dos parasitas às drogas; a mudança no trabalho da terra (construção de estradas, irrigação de terrenos etc.) em áreas fronteiriças da enfermidade, como o Amazonas ou o Sudeste Asiático; as implicações da alteração climática e da desintegração dos serviços de saúde nos países mais pobres são algumas das principais razões. Como sucede com o resto das doenças "massivas", a malária é uma enfermidade da pobreza que gera ainda mais pobreza. O custo (direto e indireto) da doença no continente africano excede os dois bilhões de dólares anuais. Apesar da adaptação às drogas, a malária não deveria ter um índice de mortalidade tão alto. A experiência em países onde se fez um uso adequado das drogas, dirigindo-as à população de risco, mostrou que o número de mortos pode reduzir-se de maneira considerável. Por fim, fechando o círculo da pobreza, é notório o desconhecimento com respeito à malária nas regiões mais afetadas: em Gana, por exemplo, a metade da população não sabe que o mosquito é o transmissor do mal.

O esforço da investigação básica para descobrir drogas ou vacinas contra a malária tem sido enorme. Em geral, a pesquisa apontou para duas direções: atacar o mosquito com inseticidas e controlar o desenvolvimento do parasita em seres humanos. Uma linha de investigação menos estudada tem sido a tentativa de controlar o estabelecimento ou o desenvolvimento do parasita no mosquito, fundamentalmente porque a manipulação genética do mosquito era tecnicamente complicada. A explosão da biologia molecular possibilitou gerar animais (principalmente ratos e moscas das frutas) geneticamente modificados, que permitiram localizar a base genética de distintos processos fisiológicos. Uma das técnicas fundamentais na genética das moscas é o uso de transposons. Estes são algumas seqüências de DNA que podem saltar e inserir-se no genoma do organismo no qual tenham sido injetados. Assim, consegue-se inserir genes ou destruir outros nos locais em que o transposon se insere. Esta técnica foi desenvolvida pela primeira vez no mosquito *Anopheles stephens*, um dos principais propagadores da malária, em especial nas áreas urbanas do Sudeste Asiático. Com este avanço tecnológico, abrem-se as portas para o desenvolvimento de drogas que intervenham no processo de incorporação do parasita ao mosquito e, ainda mais drasticamente, construir mosquitos mutantes não transmissores do parasita.

Se os engenheiros da vida desenham o mosquito que não propaga o parasita, conhecido como refratário, este pode espalhar-se nas zonas de risco para substituir o portador. Está claro que esta substituição de uma espécie por sua variante mutante não é trivial. Uma possível maneira de fazê-lo seria "semear" uma quantidade descomunal de mosquitos colonizadores da espécie. A outra é que disponham de alguma vantagem adaptativa que os faça propagar-se em um certo número de gerações. Esta última opção, que aparenta ser a mais viável, é investigada e parece haver encontrado soluções efetivas. Assim, a solução para a malária talvez esteja em trocar todos os mosquitos do mundo por outros – melhores – que não transmitam o parasita. Os mosquitos transgênicos seriam lançados para dominar o restante dos mosquitos, com a esperança de não se converterem nos matadores de Dashiell Hammet: aqueles mercenários da novela *Colheita Vermelha*, que eram contratados pelos capitalistas de um povoado mineiro para que acabassem com uma greve e, finalmente, terminavam não só acabando com os grevistas mas também tornando-se donos de todo o povoado.

6.

O FUTURO EM MENTE
OS SONHOS DE NEURO

Ninguém se lembra como era tudo antes de Neuro.
Como se de súbito tivessem perdido inteiramente o passado. Agora ninguém sabe se vê, se ouve, se sonha. Neuro caminha no Éden e aí estão todos: a família, o menino Coco, as porcas, os porconautas e os elefantes calmos.
Como Cândido, percorreram o universo para chegar ao mesmo ponto.

SONHOS DO DIVÃ

Jorge Luis Borges respondeu com mais perguntas quando alguém o interrogou acerca do uso da poesia: "para que serve um amanhecer? Para que serve o cheiro do café?". Continuando o exercício retórico e, dado que Borges foi tão apegado aos sonhos como à poesia, a gente poderia perguntar-se: e de que serve sonhar? Às perguntas mais difíceis atiram-se os valentes (ou, na versão antropocêntrica, as perguntas mais difíceis vão em busca dos personagens mais atrevidos) e se Borges, com elegância, sai para defender os elementos essenciais da estética e do prazer, aquele que tentou mais minuciosamente descobrir as funções do sonho foi o pai da psicanálise, Sigmund Freud.

Freud é uma figura tão polêmica como fundamental no conhecimento moderno. Respeitado na época por seus pares na ciência, hoje é considerado um herege e foi expulso das pomposas poltronas da ciência. Freud, porém, tinha uma idéia firme: de que os sonhos estão aqui para algo que tem a ver com o que sucede durante o dia, seja tanto por sua relação com o sucedido e o frustrado durante a vigília como por seu impacto nos dias seguintes. Esta hipótese não é nova nem é, com certeza, somente de sua autoria. Não obstante, foi o mestre austríaco quem se esmerou em convencer o mundo de que esta era uma idéia importante. Freud – como Marx – possuía três virtudes que o encheram de seguidores e de detratores: foi extremamente visionário, extremamente ambicioso e, talvez, acima de tudo, escrevia primorosamente.

Pode-se dizer que Sigmund falou muito, portanto, teria se equivocado muitas vezes. Porém, ignorá-lo ativamente, como se suas idéias fossem irreconciliáveis com a suposta modernidade e o rigor da neurociência, é um abismo. Sem dúvida, negar todas as suas contribuições seria tão absurdo como afirmar hoje em dia que, pelo fato de não se poder ainda explicar nem os detalhes e nem o conjunto dos processos mentais em termos de circuitos neurais, um e outro sejam tão distintos como as pêras e os guarda-chuvas.

Uma das propostas fundamentais em *A Interpretação dos Sonhos* (1900) é a relevância das experiências do dia anterior para compreender o sonho noturno, algo que Freud chamou de "restos diurnos". Muito bem, oitenta e nove anos depois desse vatícinio produziu-se sua primeira confirmação experimental. O estudo de neurônios de hipocampo em ratas – que estabelecem uma espécie de mapa interno do espaço – demonstrou que os neurônios ativados durante o dia voltam a reativar-se durante a noite. Poucos anos depois verificou-se que tais neurônios reativados durante o sonho respeitam inclusive a ordem temporal em que foram ativados durante a vigília. Como se as ratas percorressem em sonhos, outra vez, os mesmos caminhos que haviam percorrido durante o dia. Cerca de um século depois da primeira edição do famoso livro de Freud, demonstrou-se também que a reativação cerebral dependente da experiência da vigília durante o sonho ocorre em seres humanos e em pássaros, manifestando a generalidade biológica do fenômeno.

Restam todavia pelo menos duas perguntas importantes até agora não respondidas. O que sabemos hoje que Freud não soubesse? E a segunda, repetindo o pragmatismo original que continua ainda insatisfeito: para que serve sonhar? Além de ter uma caracterização mais pormenorizada do sonho, de conhecer seus diferentes estádios e as regiões do cérebro envolvidas, parece ser um fato que o sonho é necessário para o aprendizado. Diferentes experiências comprovam a hipótese: realizaram-se experimentos de comportamento em ratas e em seres humanos, mostrando haver processos que não se pode aprender sem dormir e sem sonhar; outros estudos moleculares demonstraram que genes envolvidos na plasticidade neural – quer dizer, em induzir mudanças no circuito do sistema nervoso – são ativados durante o sono após um dia em que houve coisas para aprender (por exemplo, um dia em um ambiente enriquecido com queijos, esconderijos e armadilhas; ou seja, um dia interessante na vida de uma rata). Estes genes, entretanto, não se ativam durante o sonho que se segue a uma vigília pacata, monótona e aborrecida.

Uma idéia começa então a alinhavar-se: nos sonhos uma pessoa simula a realidade como espaço de prática, de treinamento, para assim consolidar o que ela começou a aprender durante o dia. Este é o estado atual do que se acredita, mas continua havendo um paradoxo importante que os cientistas não deveriam ignorar, dado que tem sido fundamental na mesmíssima história da ciência. Qualquer químico ou biólogo aprende, em sua formação inicial, que August Kekulé, depois de tentar, anos a fio, entender a estrutura do benzeno e, com isso, todas as estruturas aromáticas, encontrou finalmente a solução ao sonhar com uma serpente mordendo o próprio rabo. A serpente era uma cadeia de carbonos no sonho de Kekulé. Menos conhecido é o fato de o próprio Dimitri Mendeleiev, pai da química, ter descoberto a ordem de sua tabela periódica em um sonho, ou que o experimento mediante o qual Otto Loewy descobriu

que o sistema nervoso se comunica com o coração através de substâncias químicas foi configurado em sonhos. Por fim, em ciência, não se trata apenas de confirmar idéias, mas também de gerá-las, de criá-las, e nos parece que os sonhos são, sem dúvida, não só um espaço de consolidação, mas igualmente de criação.

O sonho constitui então um campo de jogo, um espaço de mutações em que são ensaiadas e avaliadas distintas possibilidades, tanto aquelas vividas durante o dia como outras novas que emergem no calor da noite. Embora seja interessante provar todas as idéias possíveis, é certo que isto é muitas vezes perigoso no domínio impiedoso da realidade. O sonho seria então um terreno privilegiado para simular as diferentes possibilidades de ação no mundo, sem que a gente tenha de expor-se aos rigores de fracasso real. E, conquanto isto não tenha ainda evidência científica, se fosse verdade, porém, poderia chegar a explicar porque situações reais de muita frustração (como a morte de um ser amado ou a derrota em um final de Copa do Mundo) podem provocar tantos sonhos com final feliz, quase como uma maneira de satisfazer um desejo reprimido com uma mutação da realidade (ainda que tardia).

Talvez seja correta a noção freudiana de que os sonhos, em certa medida, representam a satisfação de desejos frustrados na vigília. A neurobiologia do futuro próximo possivelmente recuperará mais esta parte do complexo de idéias legado pelo pai da psicanálise. Não será, seguramente, a primeira nem a última vez que o fará. A elegância, a ousadia e o atrevimento despertam amor e ódio, e a ciência vive em permanente esquizofrenia, entre seu despertar meticuloso, rigoroso e mais conservador, e um ousado e revolucionário sonho criativo.

RAIOS E TROVÕES

Um dos requisitos fundamentais para publicar um trabalho científico é que ele seja original. Mas, está claro, nada é verdadeiramente original. Tudo já foi dito por um grego ou um persa, ou um chinês há muitos anos. Porque houve muitos gregos, chineses e persas, porque se passaram muitos anos e porque não há demasiadas idéias. O assunto se torna crítico quando uma única pessoa é a dona de todas as idéias. Isso ocorre na neuropsicologia: William James, o filósofo americano do século XIX, parece haver pensado em todos os problemas e, sem necessidade de tê-los resolvido explicitamente, conhecido todas as respostas.

É freqüente encontrar um trabalho científico que principie com uma referência a James ou uma exposição que se inaugura com uma citação do filósofo. Nestes casos, o autor do trabalho, em vez de procurar esconder a falta de originalidade de sua idéia, ostenta seu orgulho por compartilhar os interesses e haver plagiado o grande James. O próprio William James foi conhecido por compartilhar todas as idéias de William James e plagiá-lo permanentemente; de fato, é ele quem mais usou suas próprias citações, seus gestos e, em geral, seus modos. Como imitadores seus, somos todos nós mais pobres.

Como James teve tantas idéias, de tempos em tempos alguém tem a sorte de encontrar algo melhor do que compartilhar algum pensamento com ele: pode-se mostrar que ele se equivocava. É a sensação mais próxima do êxtase que se pode obter. Mriganka Sur, um mago dos sentidos, Alessandra Angelucci, uma das neurobiólogas mais formosas e outros nomes do Massachusetts Institute of Technology (MIT), com singularidades menos relevantes como Jitendra Sharma, Laurie von Melchner e Sarah Pallas, fizeram crer a outro dos papas da neurobiologia, Michael Merzenich, que James havia se equivocado.

Sucede que William – irmão de Henry, o escritor –, em seus *Princípios da Psicologia* escreveu: "Se pudéssemos conectar os nervos de tal maneira que as excitações do ouvido ativem o centro do cérebro relacionado com a vista e vice-versa, ouviríamos o raio e veríamos o trovão". A idéia de James é que há um centro cuja excitação corresponde à percepção das imagens e outro à percepção dos sons. Normalmente o olho excita o primeiro e o ouvido o segundo. Porém, sem considerar quem excita cada centro, a excitação se reproduzirá com a percepção correspondente. Sur desenvolveu, nos últimos anos, uma técnica que lhe permite testar a idéia de James. Tanto o olho como o ouvido projetam sobre uma estrutura conhecida como tálamo, que, por sua vez, ativa determinadas zonas no córtex cerebral. Há uma região no córtex e no tálamo para cada modalidade. Se se destrói, na primeira infância, a porção visual do tálamo, os axônios do olho se conectam com a área vizinha correspondente à região auditiva do tálamo. Assim, se estabelece um circuito que vai desde o olho, passando pelo tálamo auditivo, até o córtex auditivo (o centro de audição ao qual James se referia).

Na última década, Mriganka Sur vem explorando esse sistema e uma de suas principais motivações é estudar a plasticidade

do cérebro. A pergunta é se as distintas regiões estão predestinadas geneticamente a ser auditivas ou visuais, ou antes, como pensavam Aristóteles, Locke e outros, o cérebro seria uma *távola rasa*, em que tudo se escreve como conseqüência da exposição a um ambiente. Neste caso, o cérebro se ajustaria à necessidade e se desenvolveria em congruência com o mundo, ao qual está exposto. A primeira pergunta que o grupo de Sur quer responder é se o novo córtex auditivo, que recebe informação do olho e não do ouvido, se parece com um córtex visual ou um córtex auditivo. A segunda, menos técnica e de maior interesse geral, é se, nessas condições, o trovão é visto ou escutado por nós.

A resposta é que o novo córtex apresenta todo aspecto (anatômico e funcional) de uma área visual e que, devido a esta mudança, pelo olho se vê e não se escuta. Quer dizer, o olho ativa, neste caso, uma região distinta que normalmente é auditiva, mas que agora apresenta todo o aspecto de uma área visual e sua excitação produz a sensação de ver. Enquanto a primeira parte do experimento é enfadonha, a segunda é engenhosa e merece ser contada.

Como se faz para saber se um furão – um animal não maior do que um esquilo – está vendo ou ouvindo? Como quase sempre, a boa biologia não resulta do gênio senão do engenho. A solução está em fazer uso de um fato geralmente esquecido por nós: o cérebro, e portanto os processos mentais, compõem-se de duas metades praticamente iguais e capazes de funcionar de maneira independente. O grupo do MIT conectou uma só das duas metades do cérebro, de modo que o olho direito projete sobre uma área visual e, o esquerdo, sobre uma auditiva. Treina-se um furão conectado desta maneira para que responda a um estímulo visual e a um estímulo auditivo. O visual é visto pelo olho bom, o olho "vistoso", que pertence à metade intacta e, portanto, é um olho que vê. Se se produz um som, o furão encontra recompensa à sua esquerda, se vê uma luz, a recompensa estará à direita. Estando uma vez treinado – isto quer dizer que o furão sabe para que lado ir conforme se lhe apresente um som ou uma luz –, se lhe mostrarmos luz no olho/orelha, este olho vai projetar para regiões tradicionalmente auditivas. O furão sai para a direita como se tivesse visto e não ouvido.

Segundo Merzenich – que se engana – James se equivocou. Mas é claro, isso é impossível. Como Marx, Freud ou Deus, James não se equivoca. As conexões não se trocaram quando as distintas regiões do cérebro já se haviam desenvolvido em centros visuais ou auditivos. O experimento mostra que uma área não tem um rastro genético sobre aquilo que há de ser, porém não diz se uma vez que se converta em algo, não deixará de produzir as mesmas sensações, seja o que for que a estimule. O dia em que nos trocarem as conexões após o desenvolvimento, poderemos ouvir o raio e ver o trovão. Como bem disse William James.

PROJETEM SOBRE NEURO

O escritor uruguaio Eduardo Galeano conta que o Ñato Garcia se fez de louco em Melbourne para poder voltar ao Uruguai: "Disse ver o que não via, ouvir o que não ouvia e agüentou comprimidos e injeções. Quando chegou à cidade de suas nostalgias, pôs-se a procurar. Na casa de sua infância havia um supermercado. O terreno baldio onde havia feito amor pela primeira vez era um estacionamento. Ñato foi tomado pela dúvida: quem terá ficado lá em Melbourne? O louco ou eu?".

Não é preciso, como no caso de Ñato, ir até Melbourne para saber que o que imaginamos ou recordamos não tem muito a ver com o que vemos. Testemunham os que fecham os olhos por minutos ou por horas ou por toda uma vida, ou os que se enchem de papelotes de cocaína e comprimidos para impregnar o cérebro com imagens vindas de dentro e não de fora. Outras vezes temos que imaginar, não porque queremos, mas porque necessitamos saber algo de uma imagem que não temos diante de nós. Evoca-se uma imagem guardada em algum lugar da memória e, por um momento, somos capazes de "ver" algo que não está em frente aos nossos olhos. Estamos realmente vendo esta imagem? Sucede algo distinto em nosso interior quando vemos um rio e, em outro momento, quando imaginamos um rio?

Stephen Kosslyn, professor de psicologia na Universidade de Harvard, durante mais de vinte anos, tentou responder a esses tipos de perguntas. Sua carreira começou quando o desenvolvimento tecnológico não o acompanhava demasiado e sua idéia era que a imaginação funciona da mesma maneira que a percepção. Essa tese se opõe à idéia de outro grupo de pessoas como Zenon Pylyshyn, que acredita que a linguagem do pensamento é distinta e tem símbolos próprios.

A discussão de idéias foi evoluindo à par das novidades técnicas que permitiram saber mais sobre as ocorrências no cérebro enquanto imaginamos ou pensamos, e hoje podemos intervir nisso e bloqueá-lo parcialmente em distintas regiões para estudar as conseqüências destas intervenções. Os últimos experimentos mostram que as regiões do cérebro utilizadas por nós para imaginar são as mesmas utilizadas para ver. Mais ainda, se bloquearmos estas regiões do cérebro, não só não se poderá ver como tampouco se poderá imaginar.

Os primeiros avanços tecnológicos permitiram medir a atividade cerebral em distintas regiões enquanto uma pessoa desempenha diferentes tarefas, como ver ou imaginar. Tais medições mostravam que em ambos os processos são ativadas as mesmas áreas. Porém, mesmo assim, a ativação de áreas visuais durante a imaginação poderia ser um epifenômeno e não estar relacionado casualmente. Algo assim como o calor que resulta da pequena lâmpada ligada enquanto lemos e que, embora esteja sempre presente, pouco tem a ver com o fato de que possamos ler. Para mostrá-lo, poderíamos modificar a temperatura e comprovar que isso não condiciona em nada a leitura. É claro que fazer intervir a atividade cerebral em determinada região do cérebro é um pouco mais complicado do que alterar a temperatura em uma sala de leitura, sobretudo se a gente quer fazer isso de maneira não

invasiva, quer dizer, sem produzir danos. Hoje isto é possível, e a técnica consiste em estimular as distintas regiões cerebrais, apoiando sobre a cabeça um aparelho em forma de microfone que produz um campo magnético, algo assim como um ímã que muda com o tempo. Da mesma maneira que com um ímã colocado sob a mesa podemos mover algo apoiado em cima, com esse sistema pode-se estimular áreas do cérebro com um ímã fora da cabeça.

No entanto, ainda não se entende muito bem a técnica. Quer dizer, não se conhece em pormenor os mecanismos pelos quais a presença de um campo magnético possa modificar a atividade no cérebro, mas uma grande quantidade de resultados mostra que o campo é capaz de fazê-lo, excitando ou inibindo regiões. Assim, se aplicarmos o estímulo nas regiões motoras, conseguiremos fazer com que uma pessoa mova um braço sem poder controlá-lo voluntariamente (como se fosse um marionete) ou se inibirmos as regiões visuais momentaneamente, poderemos deixar uma pessoa às cegas ou com a visão turvada.

Em seu último experimento, Kosslyn, junto com Alvaro Pascoal-Leone, espanhol e um dos pioneiros em aplicar intervenções não invasivas em distintas regiões cerebrais, bloquearam o córtex visual primário, o primeiro lugar no córtex em que chega a informação visual através dos olhos. Pediram a um grupo de voluntários que realizassem uma tarefa visual – do tipo, como decidir entre duas coisas, qual é a mais curta ou a mais larga – e observaram que o faziam pior quando os pesquisadores bloqueavam esta região. Até aqui nada de muito novo: sem o córtex visual não se vê e, sem ver, não se pode decidir qual dos dois objetos projetados numa tela é o maior. Mas depois pediam aos mesmos voluntários para que memorizassem a imagem e, depois, propunham a eles as mesmas perguntas anteriores (enquanto não viam e, portanto, deviam imaginar a imagem). O resultado é que, neste caso, também o faziam de modo pior, mostrando que esta região do cérebro é necessária para imaginar.

De alguma maneira, medir a atividade do cérebro é como ler e, poder nela intervir é como escrever. Podendo se fazer as duas coisas, pode-se ler a atividade na cabeça de alguém que esteja imaginando algo, mandá-lo por uma conexão e "escrever" o obtido no cérebro de outra pessoa. Isso leva ao sonho máximo da manipulação e do manejo. Ninguém até agora conseguiu algo assim, mas não há razões para supor que hoje não se possa fazer alguns desses experimentos em suas formas mais simples. Por exemplo, que uma pessoa decida mover um braço e com isso mova o braço de outra pessoa. Muito mais distante está poder manipular, da mesma forma, aspectos vinculados com representações cerebrais mais complexas e que, portanto, sejam mais difíceis de "ler" e de "escrever"; mas talvez não tenhamos de esperar muito para ver isto... talvez até possamos chegar a viver esta experiência.

Tamanha conquista pode gerar fascinação e medo: fascinação pela possibilidade de romper as distâncias e multiplicar as experiências compartilhadas. Medo, se imaginarmos um moderno fanático, manipulando cérebros. Como sempre, quando se multiplicam as possibilidades elas se multiplicam em todas as direções. A comunicação não necessita de máquinas novas e, como bem sabemos, a manipulação tampouco. É claro que, para especular sobre estes assuntos, temos de imaginá-los, já que hoje não podemos vê-los. Ainda que saibamos, de qualquer maneira, que ver e imaginar não são coisas tão distintas.

EMOCIONEM A NEURO

O ódio é coisa que não se decide, sente-se. Alegria não é coisa que se elege, ocorre. O medo não é coisa que se busca, encontra-se. As emoções subjazem ao discurso e às razões. São o reflexo visceral do que se passa conosco, o segredo mais próprio e genuíno, quase um orgulho, ou uma maldição, que nos converte em não-máquinas. Diferenciam-nos inclusive das máquinas capazes de fazer coisas assombrosas: de levantar tantas toneladas quantas queiram ou de realizar cálculos complicadíssimos de maneira quase imediata. Máquinas pequenas, estáticas, móveis, quadradas, de cores, porém máquinas no fim das contas. Máquinas que podem chegar a ofender jogando xadrez melhor que o melhor e mais pedante dos enxadristas, mas que não podem emocionar-se, não podem sentir. No contrapé estão os que tentam entender como funcionamos, desentranhar os algoritmos, os circuitos, os processos que levam a cada um de nossos atos, de nossos movimentos, de nossas percepções, de nossas lembranças e, por que não, de nossas emoções. Se a mecânica do olho ou do ouvido, ou a organização química dos receptores, é menos conflituosa, aprofundar-se nesses outros aspectos de aparência menos mecanicista de nossa existência é mais apaixonante, porque ali subjaz a necessidade de encontrar solução para problemas que ninguém (isto é, nenhuma outra máquina) é capaz de solucionar; mas a busca é também mais crítica porque a ambição, como sempre, tem custo. Pode-se ou se poderá entender a mecânica das emoções como se entende a de um motor? Quer dizer, poder-se-á chegar a uma situação na qual seja possível predizer a sucessão de emoções e intervir de maneira tal a gerá-las *a piacere*, a induzir medo, tristeza ou alegria?

Até o dia de hoje a característica material das emoções é mais química do que geográfica. Existem drogas que produzem estouros de riso ou estados de mais felicidade ou de menos depressão. Porém, se podemos concluir algo do mapa químico das emoções é que estas não são de todo separáveis. As drogas são pouco específicas; seus efeitos variam de pessoa para pessoa e o mesmo sujeito ainda pode produzir uma sucessão de emoções muito distintas. Riso, angústia, espanto. Como quase toda droga utilizada tem uma versão endógena (por exemplo, os opióides ou canabinóides podem ser gerados pelo próprio organismo), seus efeitos podem ser induzidos ao ativar os centros onde se produzem as moléculas emocionais. No geral, estes núcleos se encontram no centro do cérebro, longe do córtex, nas zonas mais primitivas que são de difícil acesso. Essa é a versão geográfica da noção primeira e subconsciente das emoções. Não é de todo incorreto supor que o córtex cerebral participa dos processos consciente das razões; e os núcleos subcorticais – mas viscerais e ancestrais na história evolutiva –, dos distintos estádios de vigília e das emoções.

A razão e a emoção mesclam-se na hora de reconhecer ou identificar emoções. O que distingue uma cara de riso de uma cara zangada? Algumas inferências como a posição da boca são evidentes. Outras, porém, não o são tanto, inclusive podemos assim reconhecer facilmente as emoções alheias a partir de cer-

tas linhas, expressões. Uma longa história de pacientes incapazes de perceber a raiva ou o riso no rosto do próximo tem ajudado a compreender quais são os circuitos que participam desse processo. Alguns pacientes são incapazes de reconhecer o riso, mas reconhecem a ira, e a outros tantos sucede-lhes exatamente o oposto, indicando que o reconhecimento de emoções distintas passa por circuitos separados, e que a categorização fenomenológica das emoções tem um correlato em sua própria fonte. Em um recente trabalho de um grupo de psiquiatras ingleses, deu-se um passo tíbio quanto aos resultados, porém de grande importância conceitual, mais midiático que substancioso. Os ingleses utilizaram um estimulador magnético que permite induzir correntes em regiões específicas (mas não tanto) do cérebro. Tais correntes podem mover um dedo ou um pé, fazer ver pequenas bolas (fosfenos) lá onde não há nenhuma, e também modificar, conforme minha experiência pessoal, a noção do tempo. Os ingleses deram um passo maior e adentraram-se no terreno das emoções, que até agora havia sido explorado somente com estimuladores transcranianos em tratamentos específicos contra a depressão. Verificaram que, ao se bloquear uma região do córtex pré-frontal – que por estudos realizados em pacientes supunha-se ser importante para processar a sensação de ira –, é possível perturbar temporariamente a capacidade de reconhecer a raiva em um rosto, mas não, por exemplo, de reconhecer a alegria.

Algo se fez: pelo menos, interromper o reconhecimento de uma emoção. Mas talvez, em sua modéstia, esse experimento seja relevante como intenção e como exemplo. Quando Galileu, com seu telescópio caseiro, julgou que com um instrumento adequado era possível repensar o céu, a revolução já estava feita. Já se havia instalado a idéia de "tentar ver o céu" e faltava apenas esperar a melhoria de qualidade dos telescópios para completar o mapa. Os telescópios reveladores de estados neuronais são ainda precários e grotescos. Quando sua resolução for melhorada, poder-se-ão conhecer, induzir ou inibir os estados mentais do delírio, do sonho, da imaginação, da ilusão, da esperança, da desesperança, da violência. As drogas, é claro, serão uma lembrança do passado.

NA FRONTEIRA DO MILÊNIO (OUTUBRO DE 1999)

Na última semana de outubro, o furacão mais inofensivo que já passou pela Flórida deu uma volta pelas praias de Miami. Uma horda de neurocientistas (ou neuros ou neuróticos) seqüestrou Ocean Drive e todos os hotéis e restaurantes do Art Deco District. Os habitantes locais olhavam com surpresa e certa indignação quando tinham de esperar uma hora para comer onde o faziam normalmente no fim de cada dia. Durante a noite, identificar os neuros entre os locais era ainda mais fácil que durante o dia.

Era o último congresso da sociedade de neurociências do milênio e, todavia, o mais importante da década do cérebro. Isto é, a década em que se ia investir os fundos e os esforços necessários para entender como funciona o cérebro. Michael Gazzaniga, um dos tantos pais das ciências cognitivas, fez o discurso inaugural. A fala, pão e circo, um conjunto ilustrado de exemplos desordenados, brilhou, como o resto do congresso e da década, pela acumulação de resultados e a ausência de idéias. Gazzaniga terminou pedindo outra década e Torsten Wiesel, um dos poucos que fez alguma coisa para entender como funciona o cérebro (ainda que isto tenha sido feito muito antes do começo da década), sugeriu que dez ou vinte anos lhe parecia pouco, e perguntou por que não pedir um século; o século do cérebro. A sensação geral é que a década do cérebro ia embora sem deixar muito mais do que boas intenções, e algumas poucas exceções.

Depois de um primeiro dia de mil apresentações e conferências, veio a noite do show. Em um elegante hotel de Miami Beach seguia firme o grupo presidencial. Antes de as palestras começarem, Johnathan Victor, médico e matemático, um dos que procuram fazer algo um pouco diferente, perguntou onde é que ficava o banheiro. Ao dar-lhe a resposta, contestou: "Obrigado, é a primeira informação útil do dia". Nesse clima, três oradores, David McCormick, Adam Silito e Rodolfo Llinas iam dissertar sobre as oscilações no tálamo, em moda nos últimos tempos porque tais oscilações parecem ter algo a ver com a vigília, o sonho e a consciência. A história desta fala resume todo o espírito deste artigo; a constante ambivalência entre sobreviver (com ou sem dignidade) e transcender (com ou sem êxito). McCormick fez a primeira apresentação. Um trabalho tão prolixo e correto como aborrecido permitiu-lhe classificar as oscilações no tálamo em dois grupos distintos e ao público descansar depois de um dia tão comprido. A seguir foi a vez de Silito, com um discurso um pouco mais alternativo, criticando a maioria dos neurobiólogos que crêem que tudo de importante passa pelo córtex cerebral, estrutura cujo tamanho incrementa fortemente na espécie humana. Quando Silito acabou, foi a hora de Rodolfo Llinas, um colombiano dirigente do centro de fisiologia da Universidade de Nova York. A elegância e a paixão meio desordenada de Llinas contrastavam de cara com os oradores anteriores e dava, ainda sem ter escutado nada, vontade de acordar. Assim como Silito havia feito uma crítica acerca da geografia do cérebro, Llinas usou sua apresentação para criticar os métodos. Em particular, focou os fisiólogos que lotavam a audiência (o que escreve, inclusive) e se dedicam a escutar os neurônios um a um, ou uns poucos, para tratar de entender como funciona o cérebro. O colombiano olhou para o público e guardou silêncio, como que avisando que ia dizer algo realmente importante. Dramatizando tanto quanto podia, indicou que o que eles faziam era ridículo, porque a vida é muito curta e há demasiados neurônios. Encarregou-se, também, de explicar que estava autorizado a fazer estas críticas porque havia se dedicado a observar neurônios um por um durante quase toda a sua vida (com êxito, isto ele não disse, mas era o que lhe dava o direito verdadeiro de estar falando). Llinas propôs que os objetos a serem estudados não são as respostas neuronais, mas sim as oscilações em grande escala, que se produzem no cérebro e são identificadas por meio de encefalogramas e magnetoencefalogramas (uma versão aperfeiçoada dos primeiros). Esta é a linguagem correta para entender o que diz o cérebro, afirma Llinas. Claro que falou isso em tom forte, com o punho erguido, com as luzes acesas – não às escuras, como sucede acontecer em uma conferência – e gritando que estávamos na época mais apaixonante que qualquer cientista podia viver, e que íamos entender logo como funcionaria o cérebro. O fechamento teve tanto êxito e foi tão convincente quanto o restante do discurso: "E será em nossos termos". Ninguém saiu indiferente, aqueles que não saíram entusiasmados, saíram indignados; ou seja, a fala havia funcionado. Tim Gardner, um dos raros espécimes que se dedicam a fazer teoria em biologia, criticava a fala de Llinas. Fazia referência aos grandes físicos do começo do século XIX e sugeria que Einstein nunca teria dito,

num grupo, que um problema iria ser resolvido ou iria sê-lo à SUA maneira. Alguém lhe respondeu que Einstein poderia muito bem ter mostrado que algo iria ser resolvido à sua maneira. Gardner respondeu que o problema não era falta de convicção. Que Einstein tivesse dito: "O problema, vamos resolvê-lo, e é assim". E o resolvesse.

A comparação não é casual. Se falta algo à neurobiologia nestes dias, é coerência, contundência e unidade, algo que sobrava à física naqueles dias, mas que também hoje lhe falta. Então havia maior convicção que hoje num projeto da grande (e única) teoria em que tudo era viável. Hoje isso soa como uma piada e, aquele que tenta assim se pronunciar, mais do que engraçado, parece um louco. Claro que, como no resto das loucuras, nem todos os loucos se vêem da mesma maneira. Os que não têm nome e tentam romper os esquemas são ridículos, enquanto os que – como Llinas – o fazem a partir de uma posição de poder são excêntricos. Nem uns nem outros a rompem. É provável que no caso de haver uma grande teoria do funcionamento do cérebro, esta não seja uma frase, mas uma enciclopédia. Algo parecido ao ocorrido com o teorema de Fermat: a solução de uma pergunta simples foi respondida com um livro, o qual, além disso, quase ninguém entende. Entretanto, além das sínteses e das generalidades, o problema de encontro do ponto a partir do qual deve se encarar o problema continua sendo central para a solução de cada um deles. Todos concordarão que se alguém quiser entender o que é um pensamento, uma memória, olhar o fígado ou o joelho pode não ser a melhor opção. Mas para onde, e ainda mais, o que mirar, ninguém sabe. Aquele que começa uma carreira tem a difícil tarefa de decidir onde parar. Quase todos os que começam a fazer ciência é porque, em algum lugar, possuem um genuíno desejo de mudar as coisas, ou pelo menos de entendê-las profundamente. Aos poucos o calor se apaga, os concursos oprimem, as forças fraquejam, as coisas se tornam mais difíceis do que se pensava e nós (os cientistas) jogamos a culpa na época em que vivemos, e decidimos, então, escrever mais uma página do livro, esperando que, por algum motivo, esta página seja importante. Llinas prometeu que surgiria a época mais apaixonante para o estudo da neurobiologia; dependerá, entre muitas outras coisas, da vontade dos protagonistas construtores dessa história de que assim seja. Aquele que esteja livre do pecado, ou que tenha gana, atire a primeira pedra.

NA FRONTEIRA DO MILÊNIO (OUTUBRO DE 2000)

São os primeiros dias de outubro de 2000. Telefono a fim de reservar uma passagem para o mês seguinte, para viajar de Nova York a Nova Orleans. O agente de viagens comenta surpreso que, por alguma estranha razão, todas as passagens para essas datas estão esgotadas. Acontece que, nessa semana, celebra-se a reunião da Sociedade de Neurociências, e 25 mil pessoas de todo mundo viajam para se encontrar por cinco dias em um galpão a poucas quadras do Bairro Francês. Finalmente conseguimos um vôo em uma companhia cujas unidades se parecem mais a trens do que a aviões, e descemos em um aeroporto sobrecarregado, que não dá conta de tantos turistas estrangeiros, reconhecíveis por carregarem o pôster a ser apresentado em algumas das conferências dos próximos cinco dias, ou porque a cara de cientista os denuncia. Depois de ter escrito, nos dois últimos anos, acerca das conferências de Los Angeles e Miami, e de constatar que a mensagem do artigo fosse parecida, e depois de perceber a desilusão por observar que tanto esforço e entusiasmo se desvanecem em pequenas histórias e na falta de idéias, desta vez viajo inflado de otimismo, com a idéia de que poderia encontrar algo melhor do que falar.

O melhor do congresso são os encontros, os velhos amigos e amigas que essa profissão reparte pelo mundo e acabam aparecendo entre a massa. O congresso, mais do que uma exposição de pôsteres ou de idéias, é um desfile de nomes e caras.

Cada participante tem um pequeno crachá, com nome, universidade e título de identificação. Os nomes conhecidos se fazem caras, adquirem idade e, às vezes, sexo. Nova Orleans, além do mais, é tentadora pela promessa do eterno carnaval. No entanto, se todo carnaval tem algo triste, este *Mardi Gras* o é ainda mais. Tudo acontece em uma rua pela qual há que se caminhar mil vezes, Bourbon Street, onde os que têm moral mais estreita se permitem as piores ousadias e mostrarão seus peitos (elas e eles) e, com sorte, um pouco mais por alguns colares de plástico barato. É a imagem do descontrole organizado. A gente pode voltar duas horas depois ou dois dias, ou três anos mais tarde, e tudo é igual, nada mudou. Afora Bourbon Street, Nova Orleans é uma cidade encantadora, mais latina que seus pares, um pouco espanhola, um pouco francesa e muito negra, e a pessoa sente que a possibilidade de ir pisando distintos rincões do mundo é, sem dúvida, uma das mais importantes razões de ser de qualquer congresso. Mas a tarefa acadêmica é quase impossível, tanto para um cientista à procura de inteirar-se sobre o que está acontecendo como para um cronista em busca de boas histórias. Somente os mais organizados, que passeiam com seus programas pré-escritos e sabem onde estarão em cada hora do dia, somente eles, terminam o dia sabendo o que viram. Os mais dispersivos não se lembram de nada, se é que, por acaso, chegaram a ver algo. No avião me inteiro de uma notícia que me enche de esperança. Christopher Reeves, o mesmíssimo Superman, dará uma das palestras centrais do congresso. Depois de ter caído do cavalo e ficar quadriplégico, Reeves se converteu em um importante divulgador e promotor

da ciência, especialmente no campo da regeneração neurológica, hoje acompanhado por outro célebre paciente, Michael Fox, que sofre do Mal de Parkinson. A notícia é boa, pois alenta o sonho de criança, no sentido de encontrar-se alguma vez, em pessoa, com o Superman e porque, ademais, quase garante uma notícia. A primeira desilusão foi a chegada, certamente tarde, depois nos inteiramos de que já não havia mais lugar no auditório principal e teríamos de nos contentar em vê-lo, uma vez mais, pela televisão. A palestra foi interessante e de interpretação ambígua. O discurso do Superman começou com uma piada: "Quantos neurobiólogos são necessários para trocar uma lâmpada? Nenhum, porque mensalmente treinam um rato para que o faça". O chiste resume a palestra, os neurobiólogos são caras engenhosos e astutos mas que, em geral, fazem coisas que não servem para nada ou, quando muito, servem para os ratos, porém, não curam. O mais interessante do discurso do Superman foi que, em um ambiente bastante careta, onde todo mundo diz a mesma coisa, ele se propôs e disse algo diferente. O problema do Superman, como o de qualquer paciente, como bem ilustra o pertinente filme *O Óleo de Lorenzo*, é o tempo. A ciência, a medicina e os pacientes têm tempos distintos. E o discurso do Superman propõe derrubar as barreiras e protocolos que fazem com que a ciência, especialmente aplicada a seres humanos, seja lenta e cuidadosa. É claro que o último convidado implícito, nessa família, são as empresas, as que lançam drogas no mercado e buscam procedimentos cada vez mais suaves para aprová-las. Elas, sem dúvida, ficam contentes com o discurso do herói. Depois do Superman é muito difícil encontrar alguma notícia. Muitos pontos conquistaram os pôsteres que, pelo menos, tinham bom humor. Como os que buscam a base neuronal do amor romântico, ou caracterizar o prazer anal, ou uns japoneses que ensinaram a uns macacos a caminhar com extrema elegância sobre duas patas. Também, os que convidam, sem saber em qual ordem, à admiração e ao espanto. Houve uma crescente série de trabalhos em *cyborgs*, em vidas que são cada vez mais inteligentes e mais artificiais. O prêmio ao trabalho mais ousado desta vez foi para um grupo do California Institute of Technology (Caltech). O grupo de Potter, em Pasadena, desenvolveu o que até agora se parece mais a um animal artificial. Utilizam o cultivo *in vitro* de neurônios que conectam, via uma série de eletrodos, a um computador que constitui o corpo virtual, e que devolve, também por meio de cabos, estímulos sensoriais. O cultivo de neurônios é capaz de modificar suas conexões e – aprender? – à medida que supera obstáculos impostos a seu corpo virtual. É um computador com *hardware* orgânico, uma autêntica rede neuronal, um cultivo de neurônios como dispositivo plástico para realizar operações. Lamentavelmente, inteirei-me desse trabalho numa quinta-feira, quando já não restava quase ninguém, quando já estávamos partindo a fim de percorrer o sul da Louisiana em busca de cana-de-açúcar. Foi quando um amigo e companheiro de sonhos do macaco louco aproximou-se para dizer-me que havia descoberto algo fantástico, sobre o qual não podia deixar de escrever.

RIKEN: UM CONTO JAPONÊS

Convertida a Guerra Mundial em Guerra Fria, a física das partículas começava a envelhecer, apesar de continuar ocupando o centro das pesquisas pela latente possibilidade de converter núcleos em bombas. Ao mesmo tempo, uma nova ciência começava a emergir. Derrotada a Alemanha, e enquanto os soviéticos seguiam negando a biologia moderna, a Inglaterra e a França, à testa da Europa Ocidental, gestavam as duas décadas douradas da biologia molecular. Mas os heróis da genética principiavam a aborrecer-se com suas próprias realizações. Em 1963, Sydney Brenner e Francis Crick descobriram o código genético e enviaram uma carta a Max Perutz, que resume melhor do que qualquer outro escrito a ciência das décadas seguintes; quer dizer, os últimos quarenta anos. Brenner e Crick trabalhavam no célebre laboratório de biologia molecular em Cambridge, dirigido por Max Perutz, pioneiro da cristalografia, ferramenta que permitiria ao próprio Crick predizer a estrutura do DNA, ou como ele e Watson o chamaram, o segredo da vida. Em sua carta, Brenner confessava que estavam aborrecidos e que a biologia molecular estava obsoleta.

> Hoje, estão todos de acordo de que quase todos os problemas clássicos da biologia molecular já foram resolvidos ou serão resolvidos na próxima década. O ingresso de um número importante de americanos e outros bioquímicos no campo assegura que os detalhes

da replicação e da transcrição serão elucidados. Dado isto, faz tempo que sinto o futuro da biologia molecular adentrando na extensão da investigação de outros campos da biologia, nomeadamente o desenvolvimento [embriológico] e o sistema nervoso.

Os problemas clássicos da biologia molecular haviam sido selecionados por Jerôme Monod e François Jacob na França, e pelo próprio Brenner, em conjunto com Crick e James D. Watson, na Inglaterra. A biologia molecular estava pronta para ser industrializada e os europeus queriam lançar-se à conquista de novas fronteiras. O padrão estabelecido e consolidado nos últimos quarenta anos (uma réplica da história dos gregos e romanos) já estava clara para Brenner: a Europa concentrada na criação das grandes idéias e os Estados Unidos em materializá-las em tecnologia. Um bom exemplo é o desenvolvimento dos anticorpos monoclonais pelo argentino César Milstein e pelo alemão Georges Kohler, em 1975, doze anos após a carta de Brenner e no mesmo laboratório. O escritório de patentes de Cambridge não os considerou de interesse para fazer tramitar uma patente. Os Estados Unidos não perderam a oportunidade e se adiantariam em vários anos aos ingleses na gestão de patentes referidas ao emprego de monoclonais, fundamentais no futuro desenvolvimento da biotecnologia. Ou a mais célebre história do desenvolvimento da computação, cujas bases históricas foram estabelecidas pelo inglês Alan Turing, o húngaro John Von Neumann e o alemão Kurt Gödel. Os três foram importados pelos Estados Unidos, onde se fabricou o primeiro computador. Também estava claro para Brenner qual era a nova fronteira do conhecimento. O desenvol-

vimento e o sistema nervoso são hoje os dois grandes problemas da ciência da vida. Se já, desde então, a Europa gerava as bases teóricas e os Estados Unidos apoiavam fortemente a ciência, com particular interesse na geração de tecnologias, o Japão começava a situar-se no outro extremo da corda. Conseguia um importante desenvolvimento tecnológico com uma baixíssima produção de idéias significativas no campo da ciência. Os escassos cinco prêmios Nobel de Ciências (contra 191 dos Estados Unidos e 152 entre Inglaterra, Alemanha e França) obtidos pelo Japão dão conta desse fato. O exemplo japonês, no sentido de ingressar no Primeiro Mundo e acessar a tecnologia, sem gerar ciências básicas (ou para fazê-lo, só depois de ter logrado certo grau de desenvolvimento), foi imitado numa situação geopolítica muito diferente pela Espanha.

A CONQUISTA DA NOVA CIÊNCIA. Hoje a biologia molecular está completamente industrializada e os fantasmas que engendra são por causa de sua industrialização e não por sua novidade conceitual. Um debate midiático explodiu depois que Ian Wilmut, na Escócia, clonou a ovelha Dolly. Não obstante, a clonagem não é uma notícia nova para a ciência: há meio século, John Gurdon (que, por certo, encontra-se agora em Cambridge) clonava sapos utilizando a mesma técnica com a qual Wilmut clonou Dolly, e com aquela com a qual hoje são clonadas vacas, ovelhas, cabras, ratos e com a qual logo, talvez, serão clonados seres humanos.

Diferentemente dos anos de 1960, o Japão somou um considerável esforço à investigação no campo da clonagem e se pôs à testa, em rubrica, que a mestria na técnica é mais importante que as idéias. Os japoneses clonaram novilhos, ratos (em um grupo instalado no Havai que recentemente foi trazido para Nova York) e, em princípios de 2001, pela primeira vez, clonaram um touro clonado... quer dizer, foram os primeiros a clonar um clone, o que lhes permitiu começar a compreender como se envelhece quando alguém nasceu das células de um organismo velho. Porém a ciência da clonagem é uma ciência velha. O campo que hoje promete a revolução mais importante é a neurobiologia, o estudo dos processos mentais, da consciência, da memória, das idéias e dos sonhos. A principal escolha da neurobiologia de hoje estava escrita na carta de Brenner:

> Parece-me... que um problema sério é a inabilidade de definir passos unitários para um processo dado. A biologia molecular foi bem-sucedida na análise dos mecanismos genéticos em parte porque os geneticistas geram a idéia de um-gene, uma-enzima, e as expressões aparentemente compiladas dos genes em termos de cor de olho, longitude das asas etc., podem ser reduzidas a unidades simples que podem ser simplesmente analisadas.

A falta de definição de um objeto que seja a unidade de um pensamento continua sendo hoje o que impede o grande salto da neurobiologia. Mas esse grande passo pode não estar longe. A despeito do fato de que a década passada, chamada a década do cérebro, não cumpriu com suas promessas de entender a mente humana, a neurociência ficou em um estado sumamente prolífico; não quanto às idéias, mas sim em relação aos dados e às tecnologias.

A neurobiologia encontra-se hoje no mesmo lugar em que estavam a biologia molecular por volta dos anos de 1950, ou a física no começo do século XX: em um estágio de investigação básica. E a grande novidade é que o Japão se lançou à corrida com um programa extremamente ambicioso. O esforço nipônico tem nome próprio: chama-se Instituto do Cérebro de Riken e nasceu em 1917, como entidade privada, porém, há mais de cinqüenta anos conta com financiamento ao mesmo tempo público e privado. Segundo seu presidente, Shun-ichi Kobayashi, a principal característica do instituto é ter um objetivo, uma razão, para investigar e guiar a investigação e também para poder sustentar permanentemente uma tremenda ambição: "Da mesma maneira que um homem sem aspirações na vida é como um barco à deriva, um programa de pesquisa sem grandes objetivos será absorvido pelo vento e pelas ondas do rápido progresso das ciências".

O instituto situa-se em Wako, a meia hora de trem de Tóquio. Este edifício imponente, de estética crua, está inteiramente consagrado ao estudo das neurociências. Todos os pesquisadores do Riken, sol nascente da neurobiologia, mobilizam-se ao redor de três objetivos centrais: entender o cérebro, proteger o cérebro e criar o cérebro.

Para isso criaram o ambiente adequado que inclui: associar-se quase imediatamente com o Massachusetts Institute of Technology (MIT), para estender laços com o mundo; desenvolver um centro tecnológico que trabalhe junto com outros grupos de investigação para gerar tecnologias necessárias à pesquisa e para absorver as tecnologias produzidas nos laboratórios; e criar um centro de informações a fim de manejar a crescente produção de dados. Para cada um de seus objetivos – entender, proteger e criar o cérebro – o Riken tem sua expectativa de desenvolvimento para os próximos cinco, dez, quinze e vinte anos.

Em cinco anos, esperam os japoneses, entre outras coisas, entender os mecanismos da memória e da aprendizagem e descobrir a representação da linguagem. Em dez anos aspiram a compreender os mecanismos que produzem sensações, emoções e distintos comportamentos. Compreender os ritmos biológicos e a percepção do tempo e como se codificam as palavras que formam a linguagem. Cinco anos mais tarde, o programa pretende descobrir os mecanismos da atenção e dos pensamentos da aquisição da linguagem. Finalmente, em vinte anos (que não são nada), esperam entender os mecanismos da consciência, social e individual.

O projeto de proteção do cérebro também avança, nas ambições do Riken, a passos agigantados. Em cinco anos deveriam conhecer os genes que participam do desenvolvimento do cérebro e o mecanismo das enfermidades psiquiátricas. Em dez anos esperam saber como regular o desenvolvimento normal do cérebro de um animal, controlar o envelhecimento de neurônios em cultivos e ser capazes de realizar transplantes de tecidos nervosos. Em quinze anos, os métodos para garantir um desenvolvimento normal já deveriam ser incorporados aos seres humanos, o envelhecimento neuronal deveria ser controlado no cérebro de animais e dever-se-ia ter desenvolvido terapia gênica para tratar enfermidades psiquiátricas e neurológicas. Em vinte anos dever-se-ia controlar o processo de envelhecimento em seres humanos,

desenvolver tecido artificial (nervoso e muscular) e solucionar todas as doenças psiquiátricas e neurológicas.

A última rubrica, fabricar cérebros, é talvez a mais impressionante. Os cinco primeiros anos deveriam bastar para desenvolver *chips* capazes de reconhecer objetos e sistemas de memória que repliquem o funcionamento do cérebro. Em dez anos dever-se-ia ter desenvolvido arquiteturas capazes de pensar (note-se que isto deve se dar antes de entender o pensamento), máquinas que lembrem sem a necessidade de alguém que as organize e integrar o pensamento intuitivo e o raciocínio lógico. Em quinze anos desenvolver-se-iam computadores equipados com habilidades intelectuais, emocionais e de desejo. Em vinte anos, teriam sido desenvolvidos supercomputadores que estabelecessem redes amigáveis com a sociedade. Quer dizer, ter-se-ia gerado uma relação simbiótica entre seres humanos e computadores. Ter-se-ia também desenvolvido robôs aptos a incorporar a vida intelectual humana.

Dizem que se os latino-americanos tivessem a metodologia dos americanos, a eficiência dos alemães e a paciência dos chineses, então seríamos japoneses. Com tremenda conjunção de atributos, talvez poderíamos imaginar o mundo dentro de vinte anos, e nossa perspectiva de ciência seria vista em muitos lugares como ficção científica. Se os objetivos do Riken se cumprirem, se acreditarmos que sua carta de intenção prescreverá a história, em vinte anos teremos entendido o cérebro (e a mente), o tornaremos imortal e criaremos um suporte rígido, alternativo, em que possa expressar-se e existir. Ou antes, considerando que a primeira pessoa do plural talvez seja um abuso para referir-se à humanidade, os japoneses o terão feito. Se não fosse porque os responsáveis do projeto se meteram em assuntos, informação e eletrônica, em que os pilares da tecnologia os elevam acima do resto, porque os robôs de Kawato dançam com refinada humanidade as danças folclóricas de Okinawa ou o *rock'-n'-roll* e, fundamentalmente, porque os que assinam são japoneses, não se prestaria muito mais atenção a um panfleto que a um (hoje mau) conto de ficção científica. O panorama que o pessoal do Riken imagina para dentro de vinte anos pode não estar muito longe. Implica mudanças que vão muito além dos genomas, da Internet e das clonagens e propõe o maior assalto possível à questão da identidade.

NATAL: UM SONHO BRASILEIRO

O famoso romance do peruano Ciro Alegría, *El mundo es ancho y ajeno* (Grande e Estranho Mundo), emprestou seu título a Borges e Bioy Casares, que assim intitularam um fragmento de seus *Cuentos Breves e Extraordinarios* (Contos Breves e Extraordinários), em que Dante, no capítulo XL de *A Vida Nova*, relata que, ao percorrer as ruas de Florença, se surpreendeu ao encontrar peregrinos que nada sabiam de sua amada Beatriz. Segundo a premissa do livro, esse texto irredutível – desprovido de toda a literatura – sintetiza uma idéia essencial: a limitação intrínseca da comunicação, o opaco e impermeável que é o corpo a algumas sensações. É curioso e provocativo que Borges, um literato por excelência, eleja uma obra que adoece de literatura para manifestar essa solidão tão fundamental. Teria valido também, para a sua coleção, o fragmento-pergunta de Cioran: "Por que não podemos permanecer encerrados em nós mesmos? Não seria mais fecundo nos abandonarmos à nossa fluidez interior, sem nenhum afã de objetivação, limitando-nos a desfrutar de todos os nossos ardores?". Aos seus 22 anos, em Sibiu, Transilvânia, escrever sobre esses temas era, para o escritor romeno, um assunto de vida ou morte. Em seu prólogo, ele escreveu: "Em semelhante estado de espírito concebi este livro, o qual foi para mim uma espécie de libertação, de explosão saudável. Se não o tivesse escrito, teria, sem dúvida, dado um término às minhas noites". Se o fragmento de Dante sintetiza a distância infinita entre dois mundos subjetivos (menos gracilmente conhecida pela impossibilidade de compartilhar a dor, por mais empatia que se tenha), Cioran resume em seu texto, e em sua práxis, dois elementos fundamentais nesta história: a necessidade imperiosa de comunicar, e quão tosco é objetivar (em uma palavra, um gesto, um quadro) os estados internos difusos. O quanto resumimos um pensamento ao materializá-lo em palavra?

Resumida ou não, mais ou menos tosca segundo a linguagem utilizada – gestual, simbólica, corporal, literária –, a comunicação alivia. E como costuma suceder com a mente humana, encontramos na patologia aqueles elementos que melhor evidenciam as necessidades humanas. Enfermidades que resultam em singularidades que exacerbam fenômenos aos quais, em sua discreta ou tênue onipresença, nos acostumamos. Neste caso, o Dante da profunda solidão é o paciente da Esclerose Lateral Amiotrópica, uma doença neurodegenerativa progressiva de origem genética que tornou célebre Lou Gerigh, um filho de imigrantes alemães e lenda máxima do beisebol. Após doze anos interminavelmente afamados com os New York Yankees, Gerigh se aposenta por causa de uma enfermidade até então pouco conhecida, que limitava progressivamente o tônus muscular. Paradoxo evidente, como praticar esportes sem músculos? Mas, no limite, a perda de tonicidade torna-se muito mais restritiva. Sem músculos não se fala, não se assente com a cabeça, não se pisca um olho, nem se ri; enfim, sem músculos ninguém se comunica. Vítima de uma doença similar, Jean Dominique Bauby escreveu *Le scaphandre et le papillon* (O Escafandro e a Borboleta), com o grito do último músculo. Piscando com o

olho esquerdo para assentir ou negar quando se lhe apresentava uma letra, ditou letra por letra estes "cadernos de viagem imóvel". Passado esse ponto, nessa aparente fina diferença na qual se perde o último músculo, produz-se uma mudança total: o escafandro torna-se opaco, a clausura é total e, nesse ponto, em que uma mente lúcida perdeu todos os seus canais para fluir ao exterior, dá-se um dos achados recentes mais importantes entre investigação básica, terapia, tecnologia e *cyborgs*.

É que no último século explodiu a viagem frankesteniana de fisiólogos, psicólogos e outros tantos logos, destinada a compreender a base material do pensamento. A epopéia, que perfaz já quase dois mil anos de contínuo empenho desde os primeiros (e notáveis) esforços de Galeno no século II, não só não é trivial como se torna antes impossível. Mesmo os gestos cognitivos mais simples ocorrem em completa introspecção. Como procedemos para mover um braço? Não sabemos. Em algum momento, na remota infância, aprendemos. Por repetição e fiasco. Por observação e consistência de um esforço mental que, para nós, é invisível. A única coisa visível é o braço que se move. A materialização de um processo mental. Porém – pressupomos – algum gesto mental consistente resulta em atos motores, em sensações ou em idéias repetíveis. E esta idéia é que tem sido progressivamente e, com certo êxito, posta à prova por inspeção direta. É possível hoje, de várias maneiras, registrar a atividade do teatro dos neurônios e se verifica que alguns, ou alguns grupos, se ativam sistematicamente, formando padrões consistentes frente a uma larga variedade de processos cognitivos mais ou menos elaborados. Como acontece com qualquer código decodificado, isto permite ao dono do código colocar-se à vontade no diálogo (e esta é, na realidade, a melhor prova de que se conhece o código). Se soubéssemos qual linguagem é falada pelos neurônios, se pudéssemos traduzir cada ato em sua representação mental, poderíamos jogar com as idéias assim como jogamos com os braços e isto, hoje, de maneira limitada e de certa maneira tosca, já se faz. Seja estimulando neurônios que produzem sensações específicas (drogas eletrônicas) ou que dirigem os braços de um involuntário protagonista-espectador convertido em marionete do experimentador, ou seja, do outro extremo da corda, conectando o cérebro a implantes mecânicos que saibam interpretar seus comandos. Assim, a relação homem-máquina pode começar a prescindir do músculo. Por que estabelecer um comando que mova o braço para mover o volante e não ter diretamente um volante que entenda e responda diretamente a uma ordem do sistema nervoso?

Quando não há músculos que possam mover o braço, esta alternativa se converte não no prurido máximo da vagabundagem senão, porém, na única alternativa para não se permanecer encerrado em si mesmo. Hoje, por exemplo, é possível que um paciente de Esclerose Lateral Amiotrópica, incapaz de mover um músculo, dirija um teclado diretamente a partir de sua mente. A mudança é infinita: de uma incomunicação total a uma janela tosca, lenta, porém janela ao fim, para sair da clausura interior. E hoje, o campo conhecido como interfaces máquinas-cérebros explodiu e encontram-se distintos grupos treinando macacos para dirigir, com sua mente, braços e outros dispositivos mecânicos. Os filmes são impressionantes. No princípio o macaco move seu

braço ao mesmo tempo que o robô, como se não pudesse dissociar seu novo braço mecânico dos *seus próprios*. Somente depois de algum tempo se vê uma careta de esforço na cara do símio, denotando um gesto complicado e, finalmente, se produz o momento mágico em que ele descobre que, para mover o novo braço mecânico, basta pensá-lo. Então, relaxado, ele dirige o robô a partir de sua mente, por exemplo, para pegar uma uva e levá-la à boca. O avanço é notável e não faltará muito para que o objeto dirigido não seja um braço, porém outro macaco, ou vários, ou qualquer outra máquina.

Um ponto importante é que, para mover precisamente um braço (mecânico ou não), um símio – ou a gente mesmo, para o caso – não só tem que encetar um gesto motor como, além disso, observar a trajetória para, eventualmente, corrigi-la ou simplesmente para saber onde deter-se ou desviar-se, se necessário. Aprender que há uma porção do mundo (o corpo) controlada por nós à vontade, um círculo entre as ações e os sentidos, constitui um passo importante no desenvolvimento da identidade e, por conseguinte, a possibilidade de uma extensão não limitada do "corpo" estabelece um panorama de mudanças radicais. Os limites possíveis já foram, de alguma maneira, explorados na literatura, nos sonhos e no cinema. Uma rede conexa de identidades subjetivas (se é que então se pode falar de subjetividade), de tal modo que eu possa sentir o que ela sente, não por empatia, não pelo contágio de um gesto, mas por um fluir direto de uma espécie de cérebro coletivo. Esta viagem implica um regresso curioso na história evolutiva, na qual desenvolvemos uma carcaça de impermeabilidade (o corpo). Poderíamos sentir todos por todos em um tipo de laranja mecânica sofisticada em que a dor do outro, já não por associação, porém por experiência mesma, nos doa da mesma maneira que a nossa? Ou de modo menos ficcional e mais preocupante, dada a evidência de que o armamento arsenal inteligente resultou ser bastante idiota: um exército de *cyborgs* controlado por chimpanzés sentados em suas jaulas e ganhando suco de uva-passas cada vez que destroçam um inimigo ou piloto de um F-35, pilotando a velocidades inverossímeis, porque dirigem os controles dos aviões a partir da mente.

E onde a tecnologia não se mistura com a patologia, mas sim com o potencial bélico, a geografia e as fontes dos subsídios se fazem pertinentes. As fábricas mais prolíficas de *cyborgs* encontram-se, como era presumível, nos Estados Unidos. Porém, como também era presumível, seus progenitores foram importados de distintas partes do planeta. De um lado da corda (os *chips* que controlam marionetes biológicas) Sanjib Talwar, nascido e educado em Bombaim, desenhou no Brooklin seus hoje célebres robôs-ratos, que se deslocavam por um labirinto segundo suas ordens e girando cada vez que se lhes indicava. A magia da domesticação não seria tão impressionante (no fim das contas, podemos instruir um cachorro para que venha a nós quando nos dá vontade) se não fosse pelo motivo de que as ordens eram passadas por meio de dois cabos implantados na cabeça e porque os ratos obedeciam sistematicamente cada vez que se lhes comandava, pois, ao fazê-lo, um terceiro cabo estimulava centros reguladores da sensação do prazer. Além de navegar pelo labirinto, os ratos, sob as ordens eletrônicas,

subiam pelas árvores, saíam para a intempérie em plena luz, e equilibravam-se sobre um trilho de trem e outra série de coisas que um rato jamais teria feito. Do outro lado da corda temos Miguel Nicolelis, um brasileiro barbudo e mais fanático por futebol do que por sua própria ciência. Educado em São Paulo, tornou-se, desde a Carolina do Norte, a cara mais visível das interfaces mecânicas, incrementando exponencialmente o controle direto de dispositivos eletrônicos a partir da mente animal a ponto de seus macacos parecerem hoje haver incorporado o braço robótico como parte de seu corpo. Nicolelis e Talwar lograram, talvez, dois dos exemplos mais impressionantes de interfaces máquina-cérebro. Ambos se formaram no laboratório de Johnathan Chapin e compartilharam (entre outros) um mega subsídio da DARPA* de 24 milhões de dólares, o que significa quase 10% do total orçamentário da DARPA.

As bruxas não existem, *pero que las hay las hay*. Ser subsidiado pela DARPA não significa necessariamente trabalhar para o mal, mas seus próprios protagonistas sabem que, embora o dinheiro da DARPA sirva para subsidiar projetos mais ousados, ele vem acompanhado de um permanente processo de revisão que tira tempo e força, além de trazer também uma suspeita generalizada, ao menos de uma boa parte de seus colegas. O raciocínio conspirativo e preventivo (ninguém pode medir com certeza o uso dessas tecnologias) supõe que, se o projeto conta com tamanho apoio de um organismo de defesa, o fato implica que essa

*. US Defense Advanced Research Project Agency (Agência de Projeto de Pesquisa Avançada em Defesa dos Estados Unidos).

investigação há de ser suficientemente importante para haver preocupação com sua gênese, já que está tão ligada ao desenvolvimento militar. E, enquanto alguns cientistas se questionam se cabe ou não aceitar certos subsídios, de outro lado, as administrações mais conservadoras, questionam-se se por acaso deveriam existir estes subsídios, ou pelo menos sob que condições. E como costuma ser o caso, este tipo de reflexões emerge das administrações mais conservadoras.

A história não é nova. Donald Horning, o secretário de Ciência do presidente Lyndon Johnson, iniciou uma cruzada contra a utilização de fundos públicos destinados a financiar a pesquisa fora dos Estados Unidos. Um de seus ataques diretos foi a Stephen Smale, então professor da turbulenta Universidade de Berkeley dos anos de 1960, colega de Theodore Kaczynski, o *Unabomber**, e membro de todas as organizações existintes contra a guerra do Vietnã. Smale terminou por passar à lista negra quando, ao receber em Moscou a medalha Field (o equivalente ao prêmio Nobel para os matemáticos), lançou-se contra a política americana no Vietnã (por certo, ao mesmo tempo que contra a política soviética na Hungria). Dez anos antes, quando os méritos que lhe valeriam o prêmio ainda estavam por gestar-se, no Instituto de Estudos Avançados de Princeton (IAS) dirigido por Oppenheimer, onde morou Albert Einstein até seus últimos dias, Smale conheceu os matemáticos brasileiros Elon Lima e Maurício Peixoto, que

*. Matemático norte-americano, escritor e ativista político nascido em 1942. Empreendeu vários ataques a bomba por correio a cientistas e foi condenado por terrorismo.

o convenceram a finalizar seu trabalho no Rio de Janeiro. E foi em Copacabana onde estabeleceu um dos pilares da matemática moderna, explicando geometricamente como o determinismo pode resultar no incerto. Quando não estava na praia, Smale trabalhava no IMPA (Instituto de Matemática Pura e Aplicada), então apoiado em uma estrutura precária, que ainda hoje, já instalado desde 1981 na paz bucólica da floresta urbana do Rio de Janeiro, continua sendo a única demonstração vigente de que pode existir no Brasil uma instituição de primeiro nível científico e uma escola formadora de matemáticos para toda a América Latina.

Hoje, como nos anos de 1960, coloca-se o conflito entre os Estados Unidos e o resto do mundo, gerando ao mesmo tempo um confronto com a academia local. A efervescência se faz mais permeável e os campos universitários deixam de ser uma meca ilusória onde se vive nos Estados Unidos sem que a pessoa chegue a inteirar-se do feito. Ao mesmo tempo, renasce um terceiro-mundismo resistente e confrontante. Nesse contexto, e dado o fato de que em cada oportunidade os emigrados retornam em hordas, a história parece repetir-se em parte. Nicolelis, juntamente a outros jovens investigadores de ponta repartidos entre Estados Unidos e Europa, planejam uma volta coletiva a um centro em Natal. Plano arrojado: um centro de pesquisa de ponta em um dos mais ambiciosos ramos da ciência funcionando em um dos estados mais pobres de um país pobre. O projeto tem respaldo importante do governo de Lula e o conselho inclui cientistas da envergadura de Torsten Wiesel (um dos poucos laureados com o prêmio Nobel por contribuir para o entendimento do sistema nervoso) ou de Bruce Alberts, presidente da Academia de Ciências dos Estados Unidos. Alberts acabou não entrando. O presidente Lula foi convidado a visitar a universidade de Duke, onde Nicolelis tem seu laboratório, para apoiar o projeto e receber o título *honoris causa*.

Ademais, o projeto Natal inclui desenvolver em conjunto com o Instituto do Cérebro uma escola experimental e um centro de interação psiquiátrica. Terapia, investigação e ciência, compartilhando um mesmo espaço, com a premissa semelhante de fazer algo distinto do que foi estabelecido em cada campo, e no Brasil. Por que Natal? Porque é o norte do sul e porque forma um triângulo quase equilátero com os Estados Unidos e a Europa. Pela ousadia de desenvolver, ao mesmo tempo, um campo de pesquisa e uma região, e exagerar a idéia de se levar a gênese do conhecimento aonde mais se necessita. Mas também porque há um certo caudilhismo curioso nos regressos acadêmicos (e talvez em todos os regressos) para a América Latina. Cada pesquisador afamado em sua viagem ao centro do planeta não é re-incorporado a uma engrenagem existente, no caso do Brasil, no Rio e em São Paulo. Mas volta fundando o seu próprio nicho. Em parte por causa da difícil peleja contra os dinossauros estabelecidos e envelhecidos em certo protecionismo, que defendem o terreno contra quem venha a questionar-lhes a existência. Mas também por um estilo muito mais personalista, característico das províncias do sul e pela idéia tão latina da vontade infinita de uma pessoa contra a ordem da norma. Resta esperar que não estejamos na presença de uma nova edição do

eterno ciclo entre Cronos e Zeus, no qual os velhos tiranos são derrubados pelos futuros déspotas.

A história da ciência não é uma ciência exata e a história do IMPA não prova, tampouco, que qualquer empreendimento de ponta no Brasil, com uma vanguarda conseqüente, deixe um rastro que transcenda a história de seus fundadores. No entanto ela sugere, sim, a importância do fato de que Lima e Smale tenham estado no lugar, propondo-se a fazer ciência sem nenhum complexo, no momento da explosão de uma nova disciplina da qual eles foram protagonistas, para que quarenta anos depois o IMPA continue sendo uma referência matemática na América Latina. Aqui a história talvez seja ainda mais relevante. Pois a proposta da neurociência, além de avançada, pode ser revolucionária, e porque se trata, nada mais nada menos, de tornar o mundo menos amplo e menos alheio. Com tudo isso estará em jogo visualizar os estados mentais para poder lê-los, elaborá-los, expressá-los. Então poderemos, talvez, massagear à vontade nossas idéias, exploraremos limites desconhecidos da mente e seremos, com sorte, muito mais livres.

Este livro foi impresso
nas oficinas da Gráfica Bartira,
em São Paulo, em abril de 2007,
para a Editora Perspectiva S.A.